Constance Chinyere Ezemba

Insights em microbiologia industrial. Livro 1

Constance Chinyere Ezemba

Insights em microbiologia industrial. Livro 1

ScienciaScripts

Imprint
Any brand names and product names mentioned in this book are subject to trademark, brand or patent protection and are trademarks or registered trademarks of their respective holders. The use of brand names, product names, common names, trade names, product descriptions etc. even without a particular marking in this work is in no way to be construed to mean that such names may be regarded as unrestricted in respect of trademark and brand protection legislation and could thus be used by anyone.

Cover image: www.ingimage.com

This book is a translation from the original published under ISBN 978-620-2-05649-6.

Publisher:
Sciencia Scripts
is a trademark of
Dodo Books Indian Ocean Ltd. and OmniScriptum S.R.L publishing group

120 High Road, East Finchley, London, N2 9ED, United Kingdom
Str. Armeneasca 28/1, office 1, Chisinau MD-2012, Republic of Moldova, Europe
Printed at: see last page
ISBN: 978-620-5-04810-8

RASTREIO DE MICRÓBIOS DE IMPORTÂNCIA INDUSTRIAL E DE PRODUTOS INDUSTRIAIS.

Dra. Constance Chinyere Ezemba; Offor- Ogueji Chioma U.; Okoye, Patience C. e Ajeh Joseph E.
Departamento de Microbiologia, Faculdade de Ciências NaturaisChukwuemeka
Odumegu Universidade Ojukwu Uli, Estado de Anambra, Nigéria.

ÍNDICE

Capítulo 1   3

Capítulo 2   44

Capítulo 3   72

Capítulo 4   84

Capítulo 5   111

CAPÍTULO 1

1.0: INTRODUÇÃO

O sucesso da fermentação depende do isolamento do microrganismo. Os microrganismos são isolados dos seus habitats naturais como o solo, lagos, lama fluvial ou mesmo em habitats ou ambientes pouco habituais, como o frio extremo, a altitude elevada, desertos, e campos de mar profundo e petróleo, e são testados directamente para a formação do produto e isolados ou podem ser geneticamente modificados. Se o processo de fermentação for para produzir um produto a um preço mais barato, o microrganismo escolhido deve dar o produto desejado numa quantidade previsível e economicamente adequada. O microrganismo com os caracteres desejados é geralmente isolado de substratos naturais como o solo, etc. Um tal organismo é geralmente chamado de estirpe produtora.

A economia de um processo de fermentação depende em grande parte do tipo de microrganismo utilizado.

Uma estirpe produtora deve possuir os seguintes caracteres:

1. Deve ser capaz de crescer em substratos relativamente mais baratos.

2. Deve crescer bem a uma temperatura ambiente de preferência a 30-40°C. Isto reduz os custos de arrefecimento.

3. Deve produzir uma grande quantidade do produto final.

4. Deve possuir um tempo mínimo de reacção com o equipamento utilizado num processo de fermentação.

5. Deve possuir características bioquímicas estáveis.

6. Deve produzir apenas a substância desejada sem produzir substâncias indesejáveis.

7. Deve possuir uma taxa de crescimento óptima para que possa ser facilmente cultivada em grande escala.

(recuperar https://www.biotechnologynotes.com, Agosto de 2018)

Diferentes tipos de microrganismos são isolados por diferentes métodos. Diferentes micróbios com actividade desejada são isolados através de várias técnicas de cultura. O passo seguinte após o isolamento dos microrganismos é a selecção ou rastreio. Para o êxito do processo de fermentação, a selecção de microrganismos é o passo mais importante. A despistagem inclui a despistagem primária e secundária.

(recuperar https://www.learningsta.com, Abril 2021)

2.0 RASTREAGEM

A utilização de procedimentos altamente selectivos é permitir a detecção e isolamento apenas dos microrganismos que são de interesse entre uma grande população microbiana (Stanbury *et al*, 2006).

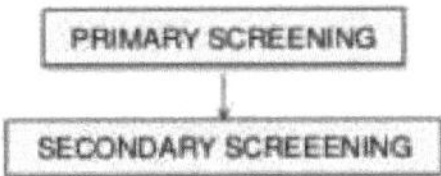

IMPORTANT THINGS TO BE CONSIDERED WHILE SCREENING :-

- 1.) CHOICE OF SOURCE - Samples from screening is taken from soil, water, air, milk, compost etc.
- 2.) CHOICE OF SUBSTRATE -Nutrients and growth factors should be supplied for growth of desired microorganism.
- 3.) CHOICE OF DETECTION - Proper isolation and detection of desired microorganisms is important

TYPES OF SCREENING

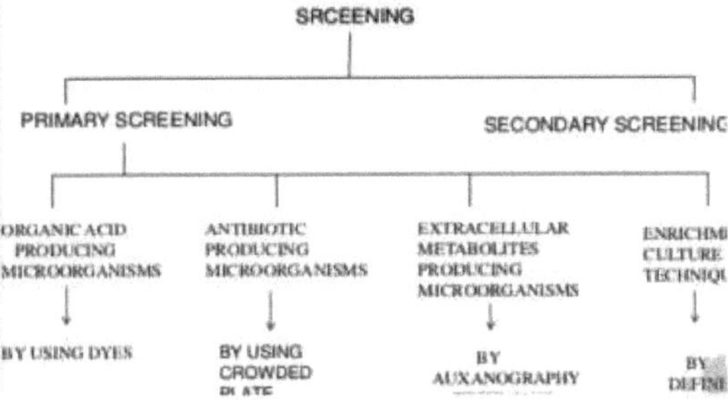

(Muskan Bhardwaj, 2018)

Uma vez que a maioria das enzimas são produzidas por muitas espécies de microrganismos enquanto que uma única estirpe de microrganismos pode produzir muitas enzimas, é portanto necessário rastrear e seleccionar microrganismos para a produção industrial de enzimas específicas (s). As condições de rastreio, no entanto, dependem das características da enzima. Por exemplo, o rastreio para protease alcalina - a produção de microrganismos deve ser feita utilizando meios fortemente básicos, enquanto as condições de altas temperaturas devem ser empregadas para o rastreio de termófilos. Por outras palavras, a composição dos meios e as condições de cultura devem ser seleccionadas com base nas características desejadas do produto (Ogbonna,2013).

3.0 RASTREIO PRIMÁRIO

A detecção e isolamento de microrganismos industrialmente importantes da população mista usando técnicas simples é chamada como técnicas primárias de rastreio. Na técnica de rastreio primário, são utilizados métodos simples para detectar microrganismos valiosos com base em certos caracteres bioquímicos de micróbios. Geralmente, a amostra é recolhida, diluída em série e isolada num meio de ágar adequado através de uma técnica específica. (Stanbury *et* al,2006)

O rastreio primário pode ser definido como a detecção e isolamento do microrganismo desejado com base na sua capacidade qualitativa de produzir o produto desejado, como antibiótico ou aminoácido ou uma enzima, etc. Neste processo, o microrganismo desejado é geralmente isolado de um ambiente natural como o solo, que contém várias espécies diferentes. Por vezes, o microrganismo desejado tem de ser isolado de uma grande população de diferentes espécies de microrganismos.

A despistagem primária identifica simplesmente estirpes de microrganismos que têm potencial para um maior desenvolvimento.

Exemplo: a procura de antibióticos na indústria farmacêutica.

Seguem-se algumas das importantes técnicas primárias de rastreio:

(i)   A técnica da chapa apinhada

(ii)   Técnica de corante indicador

(iii)   Técnica de cultura do enriquecimento

(iv)   Técnica Auxanográfica

(v)   Técnica de complemento de substratos voláteis e orgânicos.

i.   A Técnica da Placa em Multidão:

Esta técnica é utilizada principalmente para detectar os microrganismos capazes de produzir antibióticos. Esta técnica começa com a selecção de um substrato natural como o solo ou outra fonte constituída por microrganismos. É feita uma diluição progressiva em série da fonte. É escolhida uma alíquota adequada da diluição em série que é capaz de produzir 300 a 400 colónias individuais, quando plaqueada numa placa de ágar, após a incubação. Uma tal placa é chamada de placa apinhada.

A actividade de produção de antibióticos de uma colónia é indicada pela ausência de crescimento de qualquer outra colónia bacteriana na sua vizinhança. Esta região sem crescimento é indicada pela formação de uma área clara e incolor em redor da colónia de microrganismos produtores de antibióticos na placa de ágar. Esta região é designada como zona inibitória do crescimento.

Tal colónia é isolada da placa e purificada através de subcultura repetida ou por estrias numa placa contendo um meio adequado, antes de se fazer a cultura de reserva. A cultura purificada é então testada quanto ao seu espectro antibiótico.

No entanto, a técnica da placa com uma grande afluência de público tem aplicações limitadas, uma vez que não dará indicação de organismo produtor de antibióticos contra um organismo desejado. Assim, esta técnica foi melhorada mais tarde, empregando um organismo de teste para conhecer a actividade inibitória específica do antibiótico.

Neste procedimento modificado, a suspensão adequada do solo diluído em série é espalhada na placa de ágar esterilizado para permitir o crescimento de colónias microbianas isoladas e individuais (aproximadamente 30 a 300 por placa) após a incubação. Em seguida, as placas são inundadas com uma suspensão do organismo de teste e as placas são incubadas mais tarde para permitir o crescimento do organismo de teste. A formação de zona inibitória de crescimento em redor de certas colónias indica a actividade antibiótica contra o organismo de teste.

Uma estimativa aproximada das quantidades relativas de antibióticos produzidos por uma colónia microbiana pode ser estimada medindo o diâmetro da zona de crescimento do organismo de teste inibido. As colónias produtoras de antibióticos são mais tarde isoladas da placa e são purificadas antes de serem submetidas a mais testes para confirmar a actividade antibiótica de um microrganismo.

ii.   Técnica de Tintura Indicadora:

Microorganismos capazes de produzir ácidos ou aminas a partir de fontes naturais podem ser detectados utilizando este método, incorporando certos corantes indicadores de pH, tais como vermelho neutro ou azul de bromotimol no meio nutritivo ágar-ágar. A alteração da cor de um corante particular nas proximidades de uma colónia indicará a capacidade dessa colónia de produzir um ácido ou base orgânica.

A produção de um ácido orgânico também pode ser detectada por um método alternativo. Neste método, o carbonato de cálcio é incorporado no meio de ágar. A produção de ácido orgânico é indicada pela formação de uma zona clara em redor das colónias que libertam ácido orgânico no meio.

O rastreio primário da produção de Amilase em estirpes bacterianas pode ser efectuado utilizando esta técnica, como relatado por Kumar *et al* (2019); "As culturas puras foram estriadas em placas de ágar amido e as placas foram incubadas a 37°C durante 48 horas.

Após 48 horas, as placas foram inundadas com iodo de Lugol, que é um indicador de amido. Quando o iodo entra em contacto com um meio que contém amido, ele fica azul. Se o amido for hidrolisado, o meio terá uma zona clara ao lado do crescimento. O excesso de iodo de Lugol foi drenado e foram observadas placas para zona clara de auréola em redor da colónia contra fundo azul-escuro. Uma zona clara de halo em redor da colónia indica produção de amilase".

As colónias identificadas são isoladas e purificadas quer por sub-cultura repetida quer por métodos de estrias, e é feita uma cultura de gado que pode ser utilizada para mais testes de rastreio qualitativos ou quantitativos.

iii.   Técnica de Cultura de Enriquecimento:

Esta técnica é geralmente utilizada para isolar os microrganismos que são muito em menor número numa amostra de solo e que possuem necessidades nutricionais específicas e são importantes a nível industrial. Podem ser isolados se os nutrientes por eles requeridos forem incorporados no meio ou através do ajuste das condições de incubação.

iv.   Técnica Auxanotrofista:

Esta técnica é utilizada para a detecção e isolamento de microrganismos capazes de produzir determinadas substâncias extracelulares, tais como factores estimulantes do crescimento como aminoácidos, vitaminas, etc. Neste método é utilizado um organismo de teste com uma necessidade de crescimento definida para o metabolito particular.

Para este fim, espalhar uma alíquota adequada na superfície de uma placa de ágar esterilizada e permitir o crescimento de colónias isoladas, após a incubação. Uma suspensão do organismo de ensaio com necessidade de crescimento para o metabolito particular é inundada na placa acima referida contendo colónias isoladas, que são sujeitas a mais incubação. A produção do metabolito particular requerido pelo organismo de ensaio é indicada pelo seu crescimento aumentado adjacente às colónias que produziram o metabolito requerido. Tais colónias são isoladas, purificadas e são preparadas culturas de reserva que são utilizadas para um processo de rastreio posterior.

v.   Técnica de Suplementação de Substâncias Orgânicas Voláteis:

Esta técnica é utilizada para a detecção e isolamento de microrganismos capazes de utilizar fontes de carbono a partir de substratos voláteis como hidrocarbonetos, álcoois de baixo peso molecular e fontes de carbono semelhantes. A diluição adequada de uma fonte microbiana como a suspensão do solo é espalhada sobre a superfície de meio de ágar estéril contendo todos os nutrientes, excepto o acima mencionado.

O substrato volátil necessário é aplicado sobre a tampa das placas de Petri, que são incubadas colocando-as numa posição invertida. Vapores suficientes do substrato volátil espalham-se à superfície do ágar dentro da atmosfera fechada para fornecer o nutriente específico necessário ao microrganismo, que cresce e forma colónias através da absorção do nutriente suplementado. As colónias são isoladas, purificadas e são feitas culturas de reserva que podem ser utilizadas para mais testes de rastreio.

3.1 Rastreio do Micro-Organismo Produtor de Antibióticos. Antibióticos

Antibiótico, substância química produzida por um organismo vivo, geralmente um microrganismo que é prejudicial a outros microrganismos. Os antibióticos são geralmente produzidos por microrganismos do solo e provavelmente representam um meio pelo qual os organismos num ambiente complexo, como o solo, controlam o crescimento de microrganismos concorrentes. Os microrganismos que produzem antibióticos úteis na prevenção ou tratamento de doenças incluem as bactérias e os fungos.

3.1.1 Categorias de antibióticos

Os antibióticos podem ser categorizados pelo seu espectro de actividade, quer sejam agentes de espectro estreito, largo, ou alargado. Os agentes de espectro estreito (por exemplo, a penicilina G) afectam principalmente as bactérias gram-positivas. Os antibióticos de largo espectro, como as tetraciclinas e o cloranfenicol, afectam tanto as bactérias gram-positivas como algumas bactérias gram-negativas. Um antibiótico de largo espectro é aquele que, como resultado de modificação química, afecta tipos adicionais de bactérias, geralmente as gram-negativas. (Os termos gram-positivo e gram-negativo são usados para distinguir entre bactérias que têm paredes celulares que consistem numa malha espessa de peptidoglicano [um polímero de peptídeo-açúcar] e bactérias que têm paredes celulares com apenas uma fina camada de peptidoglicano, respectivamente).

3.1.2 Classificação de Antibióticos

Existem várias formas de classificar os antibióticos, mas os esquemas de classificação mais comuns baseiam-se nas suas estruturas moleculares, modo de acção e espectro. Outras incluem a via de administração (injectável, oral e tópica). Os antibióticos dentro da mesma classe estrutural apresentarão geralmente um padrão semelhante de eficácia, toxicidade e efeitos secundários potenciais alérgicos. Algumas classes comuns de antibióticos baseados em estruturas químicas ou moleculares incluem Beta-lactams, Macrolides, Tetraciclinas, Quinolonas, Aminoglicosídeos, Sulfonamidas, Glicopeptídeos e Oxazolidinonas (Adzitey, 2015).

a. Beta-lactams

Os membros desta classe de antibióticos contêm um anel de 3-carbonos e 1-nitrogénio que é altamente reactivo. Eles interferem com proteínas essenciais para a síntese da parede celular bacteriana, e no processo ou mata ou inibe o seu crescimento. Mais sucintamente, certas enzimas bacterianas denominadas proteína de ligação à penicilina (PBP) são responsáveis pelo cruzamento de unidades de peptídeo durante a síntese do peptidoglicano. Os membros dos - antibióticos betalactâmicos são capazes de se ligar a estas enzimas PBP, e no processo, interferem com a síntese do peptidoglicano, resultando em lise e morte celular. Os representantes mais proeminentes da classe dos beta-lactam incluem Penicilinas, Cefalosporinas, Monobactam e Carbapenems.

-Penicillins

O primeiro antibiótico, a penicilina, que foi descoberto e reportado pela primeira vez em 1929 por Alexander Fleming, foi mais tarde encontrado entre vários outros compostos antibióticos chamados penicilinas. (McGeer *et al.*, 2001). As penicilinas estão envolvidas numa classe de diversos grupos de compostos, a maioria dos quais terminam no sufixo -cillin. São compostos betalactâmicos contendo um núcleo de ácido 6-animopenicilânico (lactam mais tiazolidina) anel e outras cadeias laterais anelares.

Os membros da classe de Penicilina incluem Penicilina G, Penicilina V, Oxacilina (dicloxacilina), Meticilina, Nafcilina, Ampicilina, Amoxicilina, Carbenicilina, Piperacilina, Mezlocilina e Ticarcilina (Boundless, 2016). A penicilina G foi a primeira a ser produzida entre este grupo de antibióticos, e de facto de todos os antibióticos. Embora a penicilina G tenha sido descoberta por Alexander Fleming na década de 1920, foram necessários os esforços de vários outros trabalhadores como Ernst Chain, Edward Abraham, Norman Heatley e Howard Florey em 1945 para compreender as exigências culturais do fungo e a sua eficácia clínica. Além disso, embora a Penicilina G tenha sido originalmente descoberta e isolada do fungo P. notatum por Alexander Flemming, um parente próximo Penicilliun chrysogenum é a escolha preferida da fonte. Além disso, produzindo os antibióticos através de fermentação bioquímica microbiana mais rentável em comparação com a sua síntese a partir de matérias-primas (Talaro e Xadrez, 2008). Não há qualquer dúvida de que a descoberta deste fármaco anunciava a introdução de antibióticos no nosso sistema de prestação de cuidados de saúde. Infelizmente, porém, a Penicilina G tem um espectro estreito; apenas bactérias Gram positivas (estreptococos) e algumas bactérias Gram negativas, tais como *Treponema pallidum* causador de sífilis, e meningococos são sensíveis a ela (Talaro e Xadrez, 2008).

-Cephalosporin

Os membros deste grupo de antibióticos são semelhantes à penicilina na sua estrutura e modo de acção. Fazem parte dos antibióticos mais comummente prescritos e administrados; mais sucintamente, representam um terço de todos os antibióticos prescritos e administrados pelo National Health Scheme no Reino Unido (Talaro e Xadrez, 2008). O primeiro membro conhecido deste grupo de antibióticos foi isolado pela primeira vez por Guiseppe Brotzu em 1945 a partir do fungo *Cephalosporium acremonium*. Embora o medicamento tenha sido isolado pela primeira vez por Guiseppe Brotzu, foi Edward Abraham quem ficou com o mérito de patenteá-lo, tendo conseguido extrair o composto. As cefalosporinas contêm núcleo de ácido 7-aminocefálico e cadeia lateral contendo 3,6-dihidro-2 H-1,3-anéis de tiazano. As cefalosporinas são utilizadas no tratamento de infecções bacterianas e doenças resultantes da Penicilinaseprodução, *Estafilococos e Estreptococos* sensíveis à meticilina, *Proteus mirabilis*, algumas *Escherichia coli, Klebsiella pneumonia, Haemophilus influenza, Enterobacter aerogenes* e alguma *Neisseria* (Pegler e Healy, 2007).

Estão subdivididos em gerações (1ª-5ª) de acordo com o seu organismo alvo, mas as versões posteriores são cada vez mais eficazes contra os agentes patogénicos Gram-negativos. As cefalosporinas têm uma variedade de cadeias laterais que lhes permitem ligar-se a diferentes proteínas de ligação à penicilina (PBPs), para contornar a barreira cerebral do sangue, resistir à decomposição por estirpes bacterianas produtoras de penicilinase e ionizar para facilitar a entrada nas células bacterianas Gram-negativas.

b.   Tetraciclinas

A tetraciclina foi descoberta em 1945 a partir de uma bactéria do solo do género Streptomyces por Benjamin Duggar (Sanchez *et al.*, 2004). O primeiro membro desta classe foi a clorotetraciclina (Aureomicina). Os membros desta classe têm quatro (4) anéis de hidrocarbonetos e são conhecidos pelo nome com o sufixo „-ciclina". Historicamente, os membros desta classe de antibióticos são agrupados em diferentes gerações, com base no método de síntese. Diz-se que os obtidos por biossíntese são de primeira geração. Os membros incluem Tetraciclina, Chlortetecycline, Oxytetracycline e

Demeclocy cline. Membros como a Doxiciclina, Lymecycline, Meclocycline, Methacycline, Minociclina, e Rolitetracycline são considerados de segunda geração porque são derivados da semi-síntese. Os obtidos de síntese total como a Tigeciclina são considerados de Terceira geração (Fuoco, 2012). O seu alvo de actividade antimicrobiana em bactérias é o ribossomo. Eles perturbam a adição de aminoácidos às cadeias de polipeptídeos durante a síntese de proteínas nesta organela bacteriana (Medical News Today, 2015). Os pacientes são aconselhados a tomar tetraciclinas pelo menos duas horas antes ou depois das refeições para uma melhor absorção. Todas as tetraciclinas são recomendadas para pacientes com mais de oito (8) anos porque os medicamentos mostraram causar descoloração dos dentes entre os pacientes abaixo desta idade podem ser usados no tratamento da malária, elefantíase, parasitas amebéticos e rickettisia (Sanchez *et al.*, 2004).

No rastreio do microrganismo produtor de antibióticos, é utilizada uma técnica de placa cheia. Aqui a fonte utilizada para a despistagem do microrganismo é geralmente o solo. A amostra de solo utilizada é diluída em série em água destilada estéril. A quantidade adequada de amostra diluída de 0,1 ml é colhida por uma pipeta estéril e espalhada ou pulverizada em meio de ágar estéril adequado em condições estéreis. Este meio inoculado é incubado em incubadoras à temperatura ambiente durante 24 a 48 horas. Estas culturas são incubadas à temperatura ambiente porque a fonte do microrganismo é o solo e a temperatura ambiente é adequada para o crescimento destes micróbios. As placas de ágar que têm 300 a 400 colónias são seleccionadas. As placas com colónias bem isoladas são utilizadas para mais estudos, uma vez que as colónias bem isoladas mostram a zona clara devido à produção de antibióticos e inibição do crescimento de outro microrganismo. Estas colónias produtoras de antibióticos são ainda subcultivadas em meios frescos desejados e o crescimento sub-cultivado é purificado através de repouso. As culturas de reserva são mantidas e utilizadas para mais estudos. (Cappuccino e Sherman, 2005).

No entanto, a técnica da placa com uma grande afluência de público tem aplicações limitadas, uma vez que não dará indicação de organismo produtor de antibióticos contra um organismo desejado. Assim, esta técnica foi melhorada mais tarde, empregando um organismo de teste para conhecer a actividade inibitória específica do antibiótico.

Neste procedimento modificado, a suspensão adequada do solo diluído em série é espalhada na placa de ágar esterilizado para permitir o crescimento de colónias microbianas isoladas e individuais (aproximadamente 30 a 300 por placa) após a incubação. Em seguida, as placas são inundadas com uma suspensão do organismo de teste e as placas são incubadas mais tarde para permitir o crescimento do organismo de teste. A formação de zona inibitória de crescimento em torno de certas colónias indica a actividade antibiótica contra o organismo de teste.

Uma estimativa aproximada das quantidades relativas de antibióticos produzidos por uma colónia microbiana pode ser estimada medindo o diâmetro da zona de crescimento do organismo de teste inibido. As colónias produtoras de antibióticos são mais tarde isoladas da placa e purificadas antes de serem submetidas a mais testes para confirmar a actividade antibiótica de um microrganismo (retrivehttps:www.biotechnologynotes.com ,August 2018).

3.2 Rastreio do microorganismo produtor de ácido orgânico ou amina

Microorganismos capazes de produzir ácidos ou aminas a partir de fontes naturais podem ser detectados utilizando a técnica de corante indicador, incorporando certos corantes indicadores de pH, tais como vermelho neutro ou azul de bromotimol em meio nutriente de ágar-ágar. A alteração da cor de um corante particular nas proximidades de uma colónia indicará a capacidade dessa colónia de produzir um ácido orgânico ou uma base. Na triagem do ácido orgânico ou microrganismo produtor de aminas a fonte utilizada pode ser o solo, leite ou produto lácteo. A fonte tomada é diluída pela técnica de diluição em série em água destilada estéril e espalhada inoculada em meio de ágar. Estas placas inoculadas são incubadas durante um período de incubação adequado à temperatura óptima. Após a incubação, as colónias bem isoladas são seleccionadas.

O meio nutriente utilizado para isolamento deve conter todos os nutrientes necessários, uma fonte de carbono e azoto. Juntamente com isto, o meio de ágar deve conter um corante indicador de pH como o vermelho neutro ou azul de bromotimol e o meio deve ser mal tamponado para que as pequenas alterações no pH do meio e a produção de amina ou ácido possam ser detectadas. Após a incubação de placas inoculadas, a produção de ácido ou amina é detectada pela mudança de cor dos meios que circundam a colónia. A mudança de cor dos meios depende da produção de ácido ou de amina.
Há mais um método que pode ser utilizado para o rastreio de microrganismos produtores de ácido orgânico e que é a adição de carbonato de cálcio nos meios nutritivos em vez de corante indicador de pH. O método inicial de inoculação é o mesmo que o anterior. Após a inoculação, a colónia produtora de ácido orgânico mostra uma zona clara em redor da colónia, uma vez que o ácido orgânico produzido pela colónia dissolve o carbonato de cálcio presente nos meios de cultura. Assim, as colónias produtoras de ácido orgânico são posteriormente subcultivadas, purificadas e a cultura de reserva é mantida. (Cappuccino e Sherman, 2005).

3.3 Rastreio de organismos que produzem vitamina, aminoácidos e outros factores de crescimento.

a. Aminoácidos

As bactérias produtoras de aminoácidos têm sido utilizadas comercialmente desde os anos 50 e as estirpes foram subsequentemente melhoradas por mutantes regulamentares (Nadeem e Ahmad, 1999). A utilização de bactérias de tipo selvagem para a produção de aminoácidos tais como L-glutamato, L-valina, L-alanina, L- glutamina e L-prolina baseia-se ou em regulamentos metabólicos inerentes ou na estimulação da secreção por factores ambientais. Muitos géneros de bactérias são capazes de produzir aminoácidos, por exemplo, Corynebacterium, Brevibacterium, Bacillus, Enterobacterium, Mycobacterium e Eschericia.

Os aminoácidos essenciais são aqueles que não são sintetizados pelo corpo de um organismo; portanto, têm de ser-lhe fornecidos em alimentos. Os aminoácidos produzidos por estas bactérias são utilizados nos alimentos para minimizar as deficiências de aminoácidos essenciais. Tradicionalmente, os aminoácidos são utilizados como alimentos para animais e aditivos alimentares humanos e a sua utilização como alimentos para animais pode aumentar à medida que outros alimentos proteicos se tornam mais caros.

Os aminoácidos também desempenham um papel fundamental nos campos farmacêuticos. Muitos aminoácidos tais como fenilalanina, cisteína, ornitina, valina, treonina, triptofano, prolina e hidroxiprolina têm sido utilizados na síntese de vários antibióticos, por exemplo bacitracina, cefalosporina, penicilina, gramicidina, tyrocidina e actinomicinas (Meister, 1965).

A Técnica Auxanotrofica pode ser utilizada para a detecção e isolamento de microrganismos capazes de produzir certas substâncias extracelulares, tais como factores estimulantes do crescimento como aminoácidos, vitaminas, etc. Neste método é utilizado um organismo de teste com um requisito de crescimento definido para o metabolito específico.

Para este efeito, espalhar uma alíquota adequada na superfície de uma placa de ágar esterilizada e permitir o crescimento de colónias isoladas, após a incubação. Uma suspensão do organismo de teste com necessidade de crescimento para o metabolito particular é inundada na placa acima referida contendo colónias isoladas, que são sujeitas a mais incubação.

A produção do metabolito particular requerido pelo organismo de ensaio é indicada pelo seu crescimento aumentado adjacente às colónias que produziram o metabolito requerido. Tais colónias são isoladas, purificadas e cultivadas (consultar https://www.biologynotes.com, Agosto de 2018).

b. **Vitaminas.**

Algumas vitaminas essenciais não podem ser sintetizadas em quantidades suficientes pelos organismos superiores e precisam de ser exogeneamente obtidas a partir da dieta. Como a vitamina B 12 é solúvel em água, dissolve-se na água e percorre a corrente sanguínea. A deficiência de vitamina B 12 pode resultar em danos irreversíveis e potencialmente graves, especialmente para o sistema nervoso e cérebro humano. Pode causar anemia. Embora a maioria das vitaminas esteja presente numa variedade de alimentos, as carências vitamínicas humanas ainda ocorrem em muitos países, como resultado de uma ingestão insuficiente de alimentos e devido a dietas desequilibradas. Esta vitamina é produzida industrialmente por meios microbiológicos, utilizando diferentes estirpes de microrganismos, representando um alvo atractivo para remodelar as comunidades microbianas. Diferentes estirpes de microrganismos foram isoladas a partir de amostras caseiras de coalhada, e o ensaio qualitativo dos isolados foi feito pela capacidade dos isolados de crescerem num meio de ensaio de vitamina B_{12} . Foram seleccionados os melhores microrganismos produtores de vitamina B_{12} e foram efectuadas as caracterizações destes microrganismos. O melhor produtor potente de vitamina B_{12} foi sequenciado e identificado como *Bacillus paralicheniformis(https://www.researchgate.net)* .
Contudo, a vitamina B 12 foi inicialmente produzida comercialmente como subproduto da produção de estreptomicina, cloranfenicol ou neomicina por estreptomicetos, mas os principais microrganismos actualmente utilizados na produção de vitamina B 12 incluem Bacillus megaterium, Butyribacterium rettgeri, Streptomyces olivaceus, Micromonospora sp, Klebsiella pneumoniae, Propionibacterium freudenreichii, Propionibacterium shemanii e Pseudomonas

denitrificans. As estirpes mais importantes são Propionibacterium freudenreichii, Propionibacterium shemanii e Pseudomonas denitrificans (Ogbonna, 2013)

Aqui, para um rastreio dos organismos, é seleccionada uma fonte adequada e é feita uma diluição em série em água destilada estéril. Esta diluição é inoculada num meio de ágar nutriente adequado sem qualquer vitamina, amino-ácido ou metabolito. O meio nutriente deve conter todos os nutrientes essenciais necessários, excepto o metabolito ou o factor de crescimento que está a ser considerado. As placas inoculadas são incubadas durante um período de tempo adequado à temperatura óptima. Após a incubação, as placas são tomadas e as colónias obtidas podem ser produtoras de vitaminas, amino-ácidos ou metabolitos.

As colónias isoladas verificam se os metabolitos são produzidos em excesso, porque o organismo que produz estes metabolitos em excesso utiliza alguma quantidade de metabolitos para o seu crescimento e uma quantidade excessiva de metabolitos é secretada extracelularmente nas proximidades da colónia. (Joshi e Pandey, 2005)

3.4 Triagem primária de micróbios produtores de enzimas extracelulares (Amilase)

As amilases são enzimas hidrolisantes de amido. O amido é composto por amilose e amilopectina Amilose é uma longa cadeia não ramificada de D-Glucose ligada por uma-1, 4 ligações glicosídicas. Não é positivamente solúvel em água mas forma resíduos hidratados dando cor azul com iodo A amilopectina é uma estrutura altamente ramificada que consiste em cadeias D-Glucose ligadas por uma -1, 4 e uma -1, 6 ligações glicosídicas Existem dois tipos de amilase. (i) a-amilase e (i) P amilase

• **a - amilase**, também conhecida como glucan -glucan hidrolase, hidrolisar uma ligação -1, 4 ao acaso para produzir uma mistura de glucose e maltose.

• **p -amilase**, que também é conhecida como glucan-maltose hidrolase dá unidades sucessivas de maltose de fim não redutor para produzir glicose (Demain *et al*, 2004).

Exemplos de alguns microrganismos produtores de amilase

> *Aspergillus oryzae*
> *Aspergillus niger*
> *Espécies Mucor*
> *Espécies de Rhizopus*
> *Bacillus subtilis*
> *Bacillus amyloliquiefacience*

O isolamento e rastreio dos produtores de amilase pode ser feito utilizando meio nutriente de ágar-ágar complementado com amido como única fonte de carbono. A produção de amilase é indicada por hidrólise de amido que mostra zona de hidrólise de amido com adição de iodo. Assim, a produção de amilase pode ser confirmada pela adição de iodo porque, ao fazê-lo, a zona livre de amido aparece claramente contra o amido não hidrolisado mostrando zona azul (Arnold e Demain *et al,* 2004).

Requisitos

> Amostra do solo
> Diluição em branco
> Pipetas esterilizadas
> Espalhador de vidro
> Placas de ágar nutriente estéril com 5% de amido
> Banho de água a 80° C (Arnold and Demain et al, 2004).

Procedimento

> Tomar terra fértil, peneirar e deixar secar durante 24 a 48 horas.
> Tomar aproximadamente 0,1 grama de amostra de terra seca e suspendê-la no tubo de ensaio constituído por 10 ml de água destilada estéril
> Misturar bem e agitar vigorosamente o tubo durante 5 a 10 minutos e depois deixá-lo repousar durante 10 minutos. Isto resultará na deposição de partículas de solo grosseiro, dando sobrenadante constituído por micróbios em suspensão.

- Colocar o tubo em banho-maria a 80°C durante 10 min. (Muitas espécies de *Bacilli* produzem amilase e sendo um formador de esporos podem sobreviver a altas temperaturas. Assim, pelo seu isolamento selectivo, o tratamento térmico é dado para matar selectivamente as células vegetativas de outros microrganismos)
- Agora, prepare várias diluições a partir deste sobrenadante
- Espalhar 0,1ml de inóculo de cada diluição na placa de ágar nutriente suplementada com amido como única fonte de carbono
- Incubar a placa a 37° C durante 24 a 48 horas
- Seleccionar as placas que mostram as colónias isoladas e inundá-las com iodo para verificar a hidrólise de amido em redor da colónia
- A réplica da placa deve ser tomada antes da adição de solução de iodo
- Marcar as colónias produtoras de amilase, escrever as características das colónias e efectuar a coloração de Gram
- Após a obtenção de cultura pura, confirmar a actividade de produção de amilase do isolado seleccionado (Arnold e Demain *et al*, 2004).

3.4.1 Avaliação adicional do isolado primário para a produção de enzimas

a. Ensaio quantitativo para amilase, protease, lipase e fitase de *Bacillus* spp.

Ensaio espectrofotométrico da Amilase pelo método DNS: A amilase foi produzida por fermentação submersa no meio contendo lactose 40 gl-1, extracto de levedura 20 gl-1, KH2PO4 0,05 gl-1, MnCl2 .4H2O 0,015 gl-1, MgSO4.7H2O 0,25 gl-1, CaCl2.2H2O 0,05 gl-1, FeSO4.7H2O 0,01 gl-l [25]. 100 mL de meio de produção autoclavado foi inoculado com 2% de inóculo e incubado a 37°C/24 h com agitação contínua (200 rpm). Após a incubação, o caldo foi centrifugado a 7000 rpm/15 min numa centrifugadora de arrefecimento. Depois, o sobrenadante obtido foi utilizado como fonte para estimativa da actividade da amilase pelo método DNS (ácido salicílico 3, 5- dinitro) através da monitorização da quantidade de açúcar redutor libertado a partir do amido. A um mililitro de enzima bruta, 0,5 mL de amido solúvel a 1% (preparado em tampão fosfato 0,1 M de pH 6) foi adicionado e incubado a 37°C durante 20 min. Além disso, foi adicionado 1 mL de reagente DNS e fervido durante 10 min para parar a reacção. Depois, o volume final foi feito até 5 mL, adicionando água destilada e a absorvância foi medida a 540 nm. Uma unidade de actividade da amilase foi definida como a quantidade de enzima por mL de sobrenadante de cultura que libertou 1 pg de maltose por minuto. No ensaio, o sobrenadante de cultura morto por calor foi servido como controlo. A experiência foi repetida em triplicados e os resultados foram expressos como média ± desvio padrão.

b. Estimação da actividade de *Bacillus* spp. lipase utilizando o método do sabão de cobre:

A enzima lipase foi produzida por fermentação submersa e quantificada utilizando o azeite como substrato de acordo com Veerapagu. Em resumo, após 72 h de fermentação submersa, o caldo foi centrifugado a 1000 rpm/20 min/4°C e o sobrenadante foi utilizado como fonte de enzimas.

Ao 1 mL de sobrenadante de cultura, foram adicionados 2,5 mL de azeite e incubados durante 5 min a 37°C. A actividade enzimática foi presa pela adição de 1 mL de HCl 6N e 5 mL de benzeno. Além disso, 4 mL de camada superior foram cuidadosamente recolhidos e aos quais foi adicionado 1 mL de piridina de acetato cúprico. No ensaio, a mistura de reacção com sobrenadante inactivado por calor serviu como controlo. A actividade da lipase foi determinada medindo a absorvância dos ácidos gordos livres dissolvidos no benzeno a 715 nm e comparada com a curva padrão do ácido oleico. Uma unidade de actividade da lipase é definida como a quantidade de enzima que libertou 1 pmol de FFA em 1 minuto a 37°C.

c. Ensaio espectrofotométrico da actividade protease extracelular de *Bacillus* spp:

A fermentação submersa para produção de protease foi realizada de acordo com Ikram-Ul-Haq e Mukthar (2006) e a actividade de protease foi ensaiada pelo método de Lowry. Em resumo, após 24 h de incubação a 37°C com agitação contínua a 200 rpm, o caldo de fermentação foi centrifugado a 5000 rpm durante 10 min e o sobrenadante foi ensaiado para a actividade de protease. A mistura de reacção contendo 1 mL de caseína (solução a 1% em tampão fosfato 0,1 M de pH 6) e 1 mL de sobrenadante de cultura foi incubada a 37°C/30 min.

Os tubos de controlo continham sobrenadantes fervidos durante 10 min. A actividade enzimática foi presa pela adição de 5 mL de ácido tricloroacético a 5% e incubada a 37°C/10 min. Em seguida, a mistura de reacção foi centrifugada a 8000 rpm/10 min para remover partículas insolúveis e a que foi adicionado 1 mL de reagente Folin e Ciocalteau 1:1 e água.

Após 30 min de incubação, a absorvância foi medida a 700 nm. A quantidade de aminoácidos libertados foi comparada com a curva padrão da tirosina para a determinação da actividade da protease.

d. Ensaio espectrofotométrico da actividade de fitase extracelular de Bacillus spp: A fitase extracelular foi produzida como descrito por Sreeramulu et al., com ligeira modificação. Após fermentação durante 72 h, o caldo foi centrifugado a 6000 rpm/30 min/4°C e o sobrenadante foi utilizado para o ensaio de fitase. A mistura do ensaio consistiu em 1 mL de tampão de acetato (pH 5,5) contendo 6,82 mM de fitato de sódio, 0,2 mL de sobrenadante de cultura e 0,2 mL 100 mM MgSO4 e incubado a 37°C durante 30 min. A mistura de reacção contendo sobrenadante de cultura inactivado por calor serviu como controlo. Imediatamente após parar a reacção pela adição de 1 mL de ácido tricloroacético a 10%, foi adicionado 1 mL de solução de reagente de cor Taussky shorr preparada como descrito por Tungala e a absorvância foi medida a 660 nm. Em seguida, os valores de absorção foram comparados com o gráfico padrão de dihidrogenofosfato de potássio (0,1 a 0,5 mg/mL) para determinar a actividade da fitase. Uma unidade de actividade da fitase foi definida como a quantidade de enzima necessária para libertar 1 mole de fosfato por minuto em condições de ensaio.

4.0 RASTREIO SECUNDÁRIO DE MICRORGANISMOS:

O rastreio primário ajuda na detecção e isolamento de microrganismos dos substratos naturais que podem ser utilizados para fermentações industriais para a produção de compostos de utilidade humana, mas não pode dar os detalhes do potencial de produção ou rendimento do organismo.

Tais pormenores podem ser averiguados através de mais experiências conhecidas como **rastreio secundário.**

O rastreio secundário é utilizado para determinar se o microrganismo está de facto a produzir uma substância de interesse industrial que significou mais investigação e desenvolvimento que pode fornecer uma vasta gama de informações relativas ao mesmo:

i.   Capacidade ou potencialidade do organismo para produzir metabolito que pode ser utilizado como um organismo industrial.

ii.   A qualidade do produto de rendimento.

iii.   O tipo de processo de fermentação que é capaz de realizar.

iv. Eliminação dos organismos, que não são industrialmente importantes (recuperar https: //wwww... biotecnologia notada.com)

Para avaliar o verdadeiro potencial dos microrganismos isolados, são geralmente realizadas análises qualitativas e quantitativas. A sensibilidade do organismo de teste a um antibiótico recentemente descoberto é geralmente analisada durante a análise qualitativa, enquanto o rendimento quântico do antibiótico recentemente descoberto é estimado pela análise quantitativa.

4.1   Avaliação das Potencialidades dos Microrganismos

Os microrganismos isolados na triagem primária são avaliados criticamente na triagem secundária, de modo a que as potencialidades industrialmente importantes e viáveis possam ser avaliadas.

Incluem:

1. Para determinar se o produto produzido por um organismo é ou não um composto novo.

2. Deve ser feita uma determinação sobre as potencialidades de rendimento de vários microrganismos isolados que são detectados no rastreio primário para esse novo composto.

3. Deve determinar sobre os vários requisitos do microorganismo, tais como pH, aeração, temperatura, etc.

4. Deve detectar se o organismo isolado é geneticamente estável ou não.

5. Deve revelar se o organismo isolado é capaz de destruir ou alterar quimicamente o seu próprio produto fermentativo, produzindo enzimas adaptativas se estas se acumularem em quantidades mais elevadas.

6. Deve revelar a adequação do meio ou das suas substâncias químicas constituintes ao crescimento de um microorganismo e as suas potencialidades de rendimento.

7. Deve determinar a estabilidade química do produto.

8. Deve revelar as propriedades físicas do produto.

9. Deve determinar se o produto produzido por um microrganismo num processo fermentativo é tóxico ou não.

10. O rastreio secundário deve revelar se o produto produzido no processo de fermentação existe em mais do que uma forma química. Se assim for, a quantidade de formação de cada formação química destes produtos adicionais é particularmente importante, uma vez que a sua recuperação e venda como subprodutos pode melhorar muito o estatuto económico da indústria da fermentação.

11. O novo organismo deve ser identificado ao nível da espécie. Isto ajudará a fazer uma comparação do padrão de crescimento, potencialidades de produção e outros requisitos do organismo de teste com os já descritos na literatura científica e de patentes, como sendo capazes de sintetizar produtos de valor comercial.

12. Deve seleccionar microrganismos industrialmente importantes e

descartar outros, que não são úteis para a indústria da fermentação.
13. Deve determinar o estatuto económico de um processo de fermentação empreendido através do emprego de microrganismos recentemente isolados (Prasanna, 2021).

4.2 Métodos de Rastreio Secundário:

O rastreio secundário fornece informação muito útil relativa aos microrganismos (mos) recentemente isolados que podem ser empregues em processos de fermentação de valor comercial. Estes testes de rastreio são conduzidos utilizando placas de petri contendo meios sólidos ou utilizando frascos ou pequenos fermentadores contendo meios líquidos. Cada método tem algumas vantagens e desvantagens. Por vezes ambos os métodos são empregues simultaneamente.

O método dos meios líquidos é mais sensível do que o método da placa de ágar porque fornece mais informação útil sobre as respostas nutricionais, físicas e de produção de um organismo às condições reais de produção da fermentação. Para este método são utilizados frascos de Erlenmeyer com deflectores contendo meios líquidos altamente nutritivos. Os frascos são totalmente arejados com deflectores de vidro e continuamente agitados num agitador mecânico, a fim de se obter um óptimo rendimento do produto.

O procedimento de rastreio secundário produz assim uma grande quantidade de informação sobre microrganismos potencialmente úteis, permitindo a ênfase ou o desenvolvimento de processos que empregam (mos) susceptíveis de produzir substância economicamente valiosa.
Esta propriedade essencial pode ser testada utilizando estirpes de teste e examinando se o isolado que está a ser testado produz substâncias que inibem o crescimento destes testes (mos).
Os procedimentos de rastreio industrial em grande escala incorporam um ensaio que permite a identificação dos (mos).

Há várias técnicas e procedimentos que podem ser utilizados para o rastreio secundário. Contudo, apenas um exemplo específico de estimativa de substância antibiótica produzida por espécies de *Streptomyces,* é descrito no parágrafo seguinte. Métodos semelhantes poderiam ser utilizados para a detecção e isolamento de microrganismos capazes de produzir outros produtos industriais.

4.2.1   Técnica da Colónia Gigante:

Esta técnica é utilizada para isolamento e detecção daqueles antibióticos, que se difundem através de meio sólido. Espécies de *Streptomyces*, é capaz de produzir antibióticos durante o rastreio primário. A cultura isolada de Streptomyces é inoculada na área central de uma placa de Petri esterilizada contendo meio de ágar nutriente e são seleccionadas. As placas são incubadas até que ocorra um crescimento microbiano suficiente.

Culturas de organismos de teste, cuja sensibilidade antibiótica deve ser medida, são estriadas desde os bordos das placas até ao crescimento de Streptomyces, mas sem tocar no crescimento das Streptomyces e são ainda incubadas para permitir o crescimento dos organismos de teste. Depois mede-se em milímetros a distância ao longo da qual o crescimento de diferentes organismos de teste é inibido pelo antibiótico segregado Streptomyces.

A relativa inibição do crescimento de diferentes organismos de teste pelo antibiótico é chamada espectro de inibição. Os organismos cujo crescimento é inibido a uma distância considerável são considerados mais sensíveis ao antibiótico do que aqueles organismos, que podem crescer perto do antibiótico. Tais espécies de Streptomyces, que têm potencial de inibição de microrganismos, são preservadas para testes adicionais.

4.2.2.   Método de Filtração:

Este método é utilizado para testar os antibióticos pouco solúveis em água ou que não se difundem através do meio sólido. A Streptomyces é cultivada num caldo e o seu micélio é separado por filtração para obter o filtrado de cultura. Várias diluições de filtrados de antibióticos são preparadas e adicionadas ao meio de revestimento de ágar fundido e permitidas para solidificar.

Mais tarde, as culturas de vários organismos de teste são estriadas em linhas paralelas no meio solidificado e tais placas são incubadas. O efeito inibitório do antibiótico contra os organismos testados é medido pelo seu grau de crescimento em diferentes diluições antibióticas.

4.2.3.   Método do Meio Líquido:

Este método é geralmente empregue para uma nova despistagem para determinar a quantidade exacta de antibiótico produzido por um microorganismo como Streptomyces.

Os frascos cónicos de Erlenmeyer contendo meio altamente nutritivo são inoculados com Streptomyces e incubados à temperatura ambiente. São também arejados por agitação contínua e vigorosa durante o período de incubação para permitir que Streptomyces produza o antibiótico numa quantidade óptima.

As amostras de fluidos de cultura são periodicamente retiradas assepticamente para a realização das seguintes verificações de rotina:
1. Para verificar a adequação dos diferentes meios para uma produção máxima de antibióticos.
2. Determinar o valor de pH em que haverá o crescimento máximo do microrganismo e a produção de antibióticos.
3. Para verificar a contaminação.
4. Para determinar se o antibiótico produzido é novo ou não.
5. Para verificar a estabilidade do antibiótico a vários níveis de pH e temperaturas.
6. Para determinar a solubilidade do antibiótico em vários solventes orgânicos.

7. Para verificar a toxicidade do antibiótico contra os animais de experimentação (consultar https://www.biotechnologynotes.com)

Após a realização dos testes de rotina acima mencionados, são também realizados mais estudos para conhecer as seguintes informações adicionais:

1. Efeito da temperatura de incubação e dos agentes antiespuma na fermentação.
2. Taxa de resistência desenvolvida entre os organismos de teste.
3. Verificação das propriedades bacteriostáticas ou bactericidas do antibiótico. A sua capacidade de precipitar proteínas séricas para causar hemólise do sangue ou prejudicar os fagócitos.
4. Verificação da possibilidade de inclusão da substância química precursora da produção de antibióticos no meio.
5. Adequação do organismo para mutação e outros estudos genéticos (recuperar https://www.biotechnologynotes.com).

Além disso, o rastreio secundário é um processo importante no rastreio dos micróbios. Envolve a remoção de micróbios falsos positivos e negativos. É muito importante, tendo em conta a produção a nível industrial. Se um micróbio falso positivo for seleccionado para produção a nível industrial, então resultará numa enorme perda económica. Assim, a triagem secundária também deve ser levada a cabo antes de se passar a uma grande escala e processos de optimização. (Sarfraz *et al.,* 2018)

Na medida em que são utilizadas diferentes técnicas para a realização de rastreio primário e secundário, a micro-instrumentação pode ser utilizada tanto no rastreio primário como secundário. É utilizada quando não são preferidas técnicas mais simples. Para além disto, são também empregadas outras técnicas, incluindo HPLC (cromatografia líquida de alta performance), GC (cromatografia gasosa), MS (espectroscopia de massa) e NMR (espectrometria de ressonância magnética nuclear). As técnicas permitem a detecção rápida, específica e altamente sensível. Num estudo, foi utilizada a técnica de cromatografia líquida de alto rendimento para efeitos de rastreio. A técnica foi acoplada a um detector (detector de fotodíodos). Ajudou no rastreio de novos metabolitos microbianos (Fiedler, 1984).

Conclusão

A economia de um processo de fermentação depende em grande parte do tipo de microrganismo utilizado. Se o processo de fermentação for para produzir um produto a um preço mais barato, o microrganismo escolhido deve dar o produto desejado numa quantidade previsível e economicamente adequada. O rastreio primário ajuda na detecção e isolamento de microrganismos dos substratos naturais que podem ser utilizados para fermentações industriais para a produção de compostos de utilidade humana, mas não pode dar os detalhes do potencial de produção ou rendimento do organismo. Tais pormenores podem ser averiguados através de experimentação posterior através de rastreio secundário. Para avaliar o verdadeiro potencial dos microrganismos isolados, são geralmente realizadas análises qualitativas e quantitativas. Por exemplo, a sensibilidade do organismo de teste a um antibiótico recentemente descoberto é geralmente analisada durante a análise qualitativa, enquanto o rendimento quântico do antibiótico recentemente descoberto é estimado pela análise quantitativa. Por conseguinte, a despistagem primária por si só não pode ser utilizada para a despistagem de microrganismos industrialmente importantes.

5. AVALIAÇÃO DOS ISOLADOS PRIMÁRIOS

5.1 Isolamento:

A importância deste passo é isolar as colónias puras de bactérias. A placa de estrias é um método de isolamento qualitativo; a estria de quadrantes é feita principalmente para obter colónias puras. A inoculação da cultura é feita na superfície do ágar por estrias para a frente e para trás com o laço de inoculação sobre a superfície sólida do ágar. Isto fará um gradiente de diluição através da placa de ágar. Após a incubação, colónias individuais surgirão a partir da biomassa.

As características das colónias em meios de ágar sólido são então notadas. Estas incluem

1. **Forma:** circular, irregular ou rizóide.
2. **Tamanho:** pequeno, médio, grande (ou em milímetros).
3. **Elevação:** elevada, convexa, côncava, umbonato/umbilicato.
4. **Superfície:** Liso, ondulado, rugoso, granuloso, papillate ou reluzente.
5. **Bordas:** inteiras, onduladas, engradadas, fimbriadas ou enroladas.
6. **Cor:** Yelow, verde, etc.(Note-se a cor da colónia).
7. **Estrutura:** opaca, translúcida ou transparente.
8. **Grau de crescimento**: escasso, moderado ou profuso.
9. **Natureza:** discreta ou confluente, filiforme, espalhada ou rizóide.

A fim de obter a cultura pura do organismo, as colónias isoladas são transferidas assepticamente para diferentes tubos inclinados de ágar nutriente e incubadas de um dia para o outro a 37 graus Celsius. É então armazenado para fins futuros.

Reacções de Coloração:

A coloração é uma técnica básica simples que é utilizada para identificar microrganismos. A coloração simples é utilizada para estudar a morfologia de todos os microrganismos. A coloração simples utiliza os corantes básicos tais como azul de metileno ou fuschina básica. A forte carga negativa da célula bacteriana ligar-se-á fortemente com os corantes básicos com carga positiva e conferirá a sua cor a todas as bactérias.

A coloração de Gram é uma técnica de coloração diferencial que confere diferentes cores a diferentes bactérias ou estruturas bacterianas. Normalmente diferencia as bactérias em dois grupos: grama positiva e grama negativa. A coloração primária Cristal violeta e Iodo mordente formam um forte complexo CVI, todas as bactérias. As células grama positivas devido à sua espessa camada de peptidoglicano reterão o complexo IVC, mesmo depois de este ser submetido a descoloração com acetona ou álcool. Assim, a safranina não tem qualquer acção sobre as células gram positivas. Mas no caso de gram negativo, a fina camada de peptidoglicano e o conteúdo mais lipídico na parede celular torná-los-á facilmente susceptíveis à acção do descolorante e, por conseguinte, o complexo IVC é facilmente lavado e, por conseguinte, as células gram negativas terão a cor da contra-mancha Safranina. Assim, após a coloração grama, as células grama positivas aparecem como roxas e as células grama negativas aparecem como cor-de-rosa. O estudo das características morfológicas e das características de coloração ajudam na identificação preliminar do isolado.

Reacções bioquímicas:

Os bacilos entéricos de Gram negativo desempenham um papel importante na contaminação dos alimentos. Assim, são os principais agentes causadores de infecção intestinal. A família Gram negativo inclui *Shigella, Salmonella, Proteus, Klebsiella, Escherichia, Enterobacter,* etc. Normalmente são utilizados quatro testes para diferenciação dos vários membros de Enterobactericeae. São os testes Indole, Methyl red test, Voges proskauer test e Citrate test; colectivamente conhecidos como série de reacções IMViC.

Teste de Indole:

Os testes Indole procuram a presença ou ausência da produção da enzima triptofanase da bactéria. Se a enzima estiver presente, degradará o aminoácido triptofano no meio e produzirá Indole, amoníaco e ácido pirúvico. O indole reagirá com o reagente de Kovac para produzir um complexo vermelho-cereja, o que indica um teste positivo de indole. A ausência de cor vermelha é indicativa de hidrólise de triptofano devido à falta de enzima triptofano (Fig. 3).

Teste Vermelho de Metilo:

Este teste detecta a capacidade do microrganismo de fermentar glicose e de produzir produtos finais ácidos. O organismo entérico produz ácido pirúvico a partir do metabolismo da glucose. Alguns entéricos irão então utilizar a via do ácido misto para metabolizar o ácido pirúvico a outros produtos ácidos, tais como ácido láctico, ácido acético e ácidos fórmicos. Isto irá reduzir o pH dos meios de comunicação. O vermelho de metilo é um indicador de pH que é vermelho ao pH ácido (abaixo de 4,4) e amarelo ao pH alcalino (acima de 7). A formação da cor vermelha após a adição do reagente vermelho de metilo indica a acumulação de produtos finais ácidos no meio e é um indicativo de teste positivo (Fig. 3).

Teste Voges Proskauer:

Este teste determina a capacidade do microrganismo de fermentar a glicose. Os produtos finais do metabolismo da glucose, ácido pirúvico, são ainda metabolizados utilizando a via do glucol de butileno para produzir extremidade neutra, como o acetoína e o 2,3 butanodiol. Quando se adiciona o reagente A (40% KOH) e o reagente B (5% solução de alfa-naftol) de Barrit, detecta-se a presença de acetoína, o precursor na síntese do 2,3- butanodiol. A acetoína na presença de oxigénio e o reagente de Barrit é oxidado em diacetilo, onde o alfa-naftol actua como um catalisador. O diacetilo reage então com componentes de guanidina da peptona para produzir uma cor vermelha cereja (Fig. 4).

Teste de Utilização de Citratos:

Este teste determina a capacidade do microrganismo para utilizar o citrato. Algumas bactérias têm a capacidade de converter os sais de ácidos orgânicos, por exemplo, citrato de sódio em carbonatos alcalinos. O citrato de sódio é um dos metabolitos importantes do ciclo do Kreb. Certas bactérias utilizam o citrato como única fonte de carbono. A utilização do citrato requer um transportador de membrana específico e uma actividade de lise do citrato. O citrato é convertido em ácido oxaloacético pela lise do citrato e a actividade de descarboxilase do oxaloacetato irá converter o oxaloacetato em piruvato com a libertação de dióxido de carbono. Os outros produtos da reacção são acetato, ácido láctico, ácido fórmico, etc. O dióxido de carbono reage com sódio e água para formar carbonato de sódio (Fig. 5).

O ensaio do tríplice açúcar-ferro (TSI) em ágar:

Este teste foi concebido para diferenciar os diferentes grupos ou géneros de Enterobacteriaceae, que são todos bacilos gram negativos capazes de fermentar a glicose com a produção de ácido, e distingui-los de outros bacilos de intestino de gram negativos. Esta diferenciação baseia-se nas diferenças nos padrões de fermentação dos carboidratos e na produção de sulfureto de hidrogénio pelos vários grupos de organismos intestinais. A fermentação dos hidratos de carbono é detectada pela presença de gás e por uma mudança de cor visível (de vermelho para amarelo) do indicador de pH, vermelho fenol. A produção de sulfureto de hidrogénio é indicada pela presença de um precipitado que escurece o meio no rabo do tubo. TSI Agar contém três açúcares fermentativos, lactose e sacarose em concentrações de 1% e glucose numa concentração de 0,1%. Devido à acumulação de ácido durante a fermentação, o pH cai. O indicador ácido de base vermelho fenol é incorporado para detectar a fermentação de hidratos de carbono que é indicada pela mudança de cor do meio, de vermelho alaranjado para amarelo, na presença de ácidos. No caso de descarboxilação oxidativa da peptona, os produtos alcalinos são construídos e o pH sobe. Isto é indicado pela mudança de cor do meio de vermelho alaranjado para vermelho profundo. O tiossulfato de sódio e o sulfato de amónio ferroso presentes no meio detecta a produção de sulfureto de hidrogénio (indicado por escurecimento no rabo do tubo). Para facilitar a detecção de organismos que apenas fermentam glucose, a concentração de glucose é de um décimo da concentração de lactose ou sacarose. A pequena quantidade de ácido produzida na inclinação do tubo durante a fermentação da glicose oxida rapidamente, fazendo com que o meio permaneça vermelho alaranjado ou reverta para um pH alcalino. Em contraste, a reacção ácida (amarela) é mantida no rabo do tubo, uma vez que está sob menor tensão de oxigénio. Após o esgotamento da glicose limitada, organismos capazes de o fazer começarão a utilizar a lactose ou sacarose. Para melhorar o estado alcalino da inclinação, a livre troca de ar deve ser permitida, fechando frouxamente a tampa do tubo. Se o tubo for bem fechado, uma reacção ácida (causada unicamente pela fermentação da glicose) envolverá também a inclinação.

Teste de Catalase:

A incapacidade dos anaeróbios rigorosos para sintetizar catalase, peroxidase, ou superóxido dismutase pode explicar porque é que o oxigénio é venenoso para estes microrganismos. Na ausência destas enzimas, a concentração tóxica de H_2O_2 não pode ser degradada quando estes organismos são cultivados na presença de oxigénio. Organismos capazes de produzir catalase degradam rapidamente o peróxido de hidrogénio, que é um tetrâmero que contém quatro cadeias de polipeptídeos, que são geralmente de 500 aminoácidos. Contém também quatro grupos de heme de porfirina (ou seja, grupos de ferro) que permitirão que a enzima reaja com o peróxido de hidrogénio.

A catalase enzimática está presente na maioria dos citocromos contendo bactérias aeróbicas e anaeróbicas facultativas. A catalase tem um dos números de rotação mais elevados de todas as enzimas, de tal forma que uma molécula de catalase pode converter milhões de moléculas de peróxido de hidrogénio em água e oxigénio num segundo.

A produção e actividade da catalase pode ser detectada através da adição do substrato H_2O_2 a uma cultura de ágar-ágar de soja tryptic devidamente incubada (18- a 24 horas). Os organismos que produzem a enzima decompõem o peróxido de hidrogénio, e a produção de O_2 resultante produz bolhas na gota de reagente, indicando um teste positivo. Os organismos que não possuem o sistema de citocromo também não possuem a enzima catalase e são incapazes de decompor o peróxido de hidrogénio, em O2 e água e são catalase negativos.

Teste de Coagulase:

As coagulases são enzimas que coagulam o plasma sanguíneo através de um mecanismo semelhante à coagulação normal. O teste da coagulase identifica se um organismo produz esta exoenzyme. Esta enzima coagula o componente plasmático do sangue. As únicas bactérias causadoras de doenças significativas dos seres humanos que produzem coagulase são o *Staphylococcus aureus* . Assim, esta enzima é um bom indicador do potencial patogénico de S. aureus. No teste, a amostra é adicionada ao plasma do coelho e mantida a 37° C durante um período de tempo especificado. A formação de coágulo dentro de 4 horas é indicada como um resultado positivo e indicativo de uma estirpe virulenta de *Staphylococcus aureus*. A ausência de coagulação após 24 horas de incubação é um resultado negativo, indicativo de uma estirpe avirulenta.

Teste de Oxidase:

O teste de oxidase é um procedimento diferencial importante que deve ser realizado em todas as bactérias gram-negativas para a sua rápida identificação. O teste depende da capacidade de certas bactérias de produzir azul indofenol a partir da oxidação da dimetil-p-fenilenodiamina e do a-naftol. Este método utiliza N,N-dimetil-p-fenilenodiamina oxalato em que todos os estafilococos foram oxidase negativos. Em presença da enzima citocromo oxidase (bactérias gram-negativas), o N,N-dimetil-p-fenilenodiamina oxalato e a-naftol reagem ao azul de indofenol. A *Pseudomonas aeruginosa* é um organismo positivo de oxidase.

Teste de hidrólise de amido:

As amilases são uma classe de enzimas que são capazes de digerir estas ligações glicosídicas encontradas nos amidos. As amilases podem ser derivadas de uma variedade de fontes. As amilases estão presentes em todos os organismos vivos, mas as enzimas variam em actividade, especificidade e requisitos de espécie para espécie e mesmo de tecido para tecido no mesmo organismo. A alfa-amilase (1,4 alfa D-Glucan-glucanoidrolase) actua sobre grandes polímeros de amido em ligações internas e cliva-as a polímeros de glucose curtos. A alfa-amilase catalisa a hidrólise das ligações internas de alfa-1-4 glucan em polissacáridos contendo 3 ou mais ligações alfa-1-4; resulta numa mistura de maltose e glucose. A amiloglucosidase actua sobre os polímeros mais curtos e separa os açúcares da glicose simples. A alfa-amilase bacteriana é particularmente adequada para uso industrial, uma vez que é barata e isotermicamente estável.

O ágar-ágar de amido é um exemplo de meio diferencial que testa a capacidade de um organismo produzir certa alfa-amilase e oligo-1, 6-glucosidase que hidrolisa o amido. As moléculas de amido são demasiado grandes para entrar nas células bacterianas, pelo que algumas bactérias irão secretar exoenzimas que irão degradar o amido em subunidades que podem então ser facilmente utilizadas pelo organismo.

O ágar de amido é um meio nutritivo simples com adição de amido. Uma vez que não ocorre alteração de cor no meio quando os organismos hidrolisam o amido, adiciona-se solução de iodo à placa após a incubação. O iodo torna-se azul, roxo ou preto (a cor depende da concentração do iodo utilizado) na presença de amido. Uma limpeza em torno do crescimento bacteriano mostra que o organismo tem amido hidrolisado.

Crescimento em Meios Selectivos e Diferenciais:

Os meios selectivos permitem apenas o crescimento de certos tipos de organismos, ao mesmo tempo que inibem o crescimento de outros organismos.

Ex: ágar salino de Manitol, ágar entérico de Hektoen (HE), ágar feniletílico.

São utilizados **meios diferenciais** para diferenciar certos organismos ou grupos de organismos estreitamente relacionados. Dependendo da presença de corantes ou produtos químicos específicos nos meios de crescimento, os organismos tenderão a produzir certas alterações características específicas ou padrões de crescimento que podem ser utilizados para etapas posteriores de identificação ou diferenciação.

Ex: ágar MacConkey (MCK), ágar Eosin Methylene Blue (EMB).

Os meios enriquecidos são meios que foram suplementados com materiais altamente nutritivos tais como sangue, soro ou extracto de levedura com o objectivo de cultivar organismos fastidiosos.
Ex: Ágar sangue, Ágar chocolate

O ágar salino de manitol é um meio selectivo e diferencial utilizado para o isolamento de estafilococos patogénicos de culturas mistas.

O ágar azul de eosina metileno é um meio selectivo e diferencial utilizado para a detecção e isolamento de agentes patogénicos Gram-negativos residentes no intestino.

O Agar da MacConkey é simultaneamente um meio selectivo e diferencial que é selectivo para bactérias Gram negativas e pode diferenciar as bactérias que são capazes de fermentar a lactose.

Diferentes estreptococos produzem efeitos diferentes sobre os glóbulos vermelhos em ágar sangue. Os que produzem hemólise incompleta e destruição apenas parcial das células em redor das colónias são chamados estreptococos alfa-hemolíticos. Caracteristicamente, este tipo de hemólise é visto como um "greening" distinto do ágar na zona hemolítica, pelo que este grupo de estreptococos também tem sido referido como o grupo dos viridans. As espécies cujas hemolisinas causam a destruição completa dos eritrócitos nas zonas de ágar em redor das suas colónias são ditas beta-hemolíticas. Quando crescem em ágar sangue, os estreptococos beta-hemolíticos são pequenas colónias opacas ou semi-translúcidas rodeadas por zonas claras num meio vermelho opaco.

Algumas espécies de Streptococci não produzem hemolisinas. Por conseguinte, quando as suas colónias crescem em ágar sangue, não se vêem alterações nos glóbulos vermelhos que as rodeiam. Estas espécies são referidas como Streptococci não hemolíticos ou gama-hemolíticos.

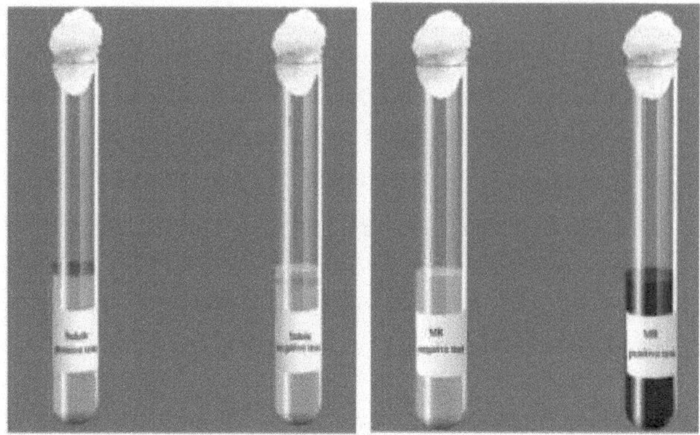

Fig. 2: Indole test   Fig. 3: Methyl Red Test

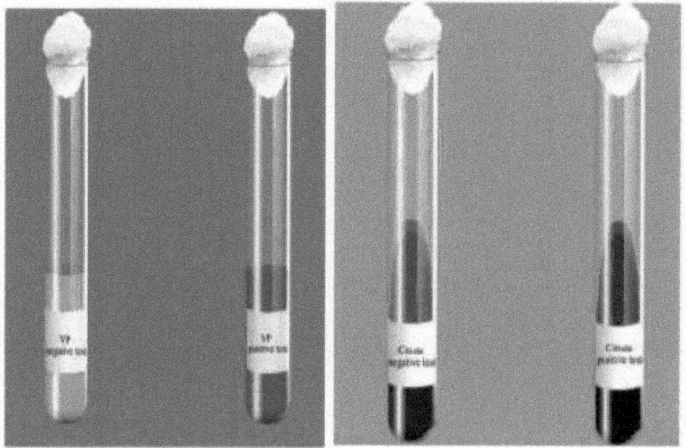

Fig. 4: Voges Proskauer test   Fig. 5: Citrate Utilization test

5.0 REFERÊNCIAS

Arnold L. Demain e Julian E. Davies, Ronald M. Atlas, Gerald Cohen, Charles L. Hershberger, Wei-Shou Hu, David H.

Sherman, Richard C. Willson e J. H. David Wu, (2012.) *Manual de Microbiologia e Biotecnologia Industrial: 2ª Edição,*

Arnold, Demain e Julian, E., (2012). *Manual de Microbissologia e Biotecnologia Industrial, 2ª Edição*

Asha, Gayathri D. (2012) Impacto sinérgico do Lactobacillus fermentum e L. plantarum em 1, 2 dimetil-hidrazina induzido cancro colorrectal em ratos. Experimental e terapêutica em Medicina 3: 1049-1054.

Bae, H.C., Nam, M.S. e Lee, J.Y. (2002) Probiotic Characterization of Acid- and Bile tolerant Lactobacillus salivarius sub sp salivarius from Korean Faeces. Asiático Australas J Ani Sci 15: 1798-1807.

Bu, G., Luo, Y., Chen, F. e Liu K, Zhu T (2013) O processamento do leite como ferramenta para reduzir a alergenicidade do leite de vaca: uma mini-revisão. Dairy Sci Technol 93: 211223.

Casida L. E; (2011). *Industrial Microbiology by.New Age international (P) ltd publications,*

F.J. Baker, (2014). *Técnicas Bacteriológicas*

Gayathri, D. (2016a) Nota breve sobre Probióticos para a Saúde Mental e Ansiedade. J Matern Pediatr Nutr 2: 114.

Gayathri, D. (2016b) Probióticos para a saúde total: Melhor hoje e amanhã. J Matern Pediatr Nutr 2(1).

Gayathri, D. e Rashmi, B.S. (2017) Mechanism of Development of Depression and Probiotics as Adjuvant Therapy for its Prevention and Management. J Saúde Mental Prev (Elsevier)

Gayathri, D. e Rashmi, BS. (2014) Desenvolvimento da Doença Celíaca; Patogénese e Estratégias de Controlo; Uma Abordagem Molecular. J Nutr Food Sci 4: 310.

Gayathri, D., Asha e Devaraja, T.N. (2011) Lactobacillus sp. como probiótico para a saúde humana com especial ênfase no cancro colorrectal. Ind J Sci Technol 4: 1008-1014.

Gayathri, D., Bhavyashree, G. e Rashmi, B.S. (2016) Food Allergy:

Immunological Mechanisms and Prevention Strategies. Nutrição CE 5: 1058- 1066.

Griffin, S.M., Alderson, D. e Farndon, J.R. (1989) Acid resistant lipase as replacement therapy in chronic pancreatic exocrine insufficiency: a study in dogs. Estômago 30: 1012-1015

https://edsci.in>Privagem primária e secundária de micróbios de importância industrial. . (Acesso em Janeiro de 2022).

https://senthilarivan.wordpress.com>Selecção de micróbios úteis industrialmente. (Acesso em Dezembro,2015)

https://www.biotechnologynotes.com>Screening of microorganisms:Técnicas primárias e secundárias. (Acesso em Agosto,2018)

https://www.researchgate.net.>Isolamento e identificação de Flora microbiana eficiente na produção de vitamina B 12. . (Acesso em Janeiro de 2022).

https://www.slideshare.net> Triagem . (Acesso em Janeiro, 2018)

James Chukwuma Ogbonna, (2013). *Biotecnologia Industrial. Primeira Edição*

James G. Cappuccino & Natalie Sherman , 2005. *Microbiologia - Um Manual de Laboratório - Edição Estudante Internacional: 4ª edição.*

Layer, P., e Keller, J. (2003) Lipase supplementation therapy: standards, alternatives, and perspectives. Pâncreas 26: 1-7.

Muskan Bhardwaj , (2018). *Screening. https://www. Slidesshare.net*

Peter F. Stanbury, Allan Whitaker e Stephen J. Hall, Butterworth Heinemann, (2006). *Principles of Fermentation Technology 2nd edition, por, An imprint of Elsevier Science.*

Rashmi, B.S. e Gayathri, D. (2014) Purificação Parcial, Caracterização de Lactobacillus sp G5 Lipase e o seu Potencial Probiótico. Res. Alimentar Int J 21: 1737-1743.

Roxas, M. (2008) The role of enzyme supplementation in digestive disorders. Altern Med Rev 13: 307-314.

Sikander Ali, Muhammad Hassan Sarfraz, Ruquaiza Muhjudin e Waqas Ali Sean, (2018). *Rastreio e selecção de microrganismos de importância industrial. Uma revisão. Journal of pharmaceutical and medical Research, 42-47*

Sumigk, (2016). *ScreeningTechnique e os seus detalhes. https://www.generalmicroscience.com*

V.K. Joshi & Ashok Pandey, (2014). *Biotecnologia Microbiologia de Fermentação Alimentar, Bioquímica e Tecnologia Vol. 1 & 2.*

CAPÍTULO 2

DETECÇÃO E ENSAIO DE PRODUTOS DE FERMENTAÇÃO: MÉTODOS FÍSICO-QUÍMICOS E MÉTODOS BIOLÓGICOS E RASTREIO SECUNDÁRIO

Dra. Constance Chinyere Ezemba; Umennadi, Patience O. e Okoye, Patience C.

Departamento de Microbiologia, Faculdade de Ciências Naturais Chukwuemeka Odumegu Universidade Ojukwu Uli, Estado de Anambra, Nigéria.

1.0. INTRODUÇÃO

Um produto de fermentação é produzido pela cultura de um determinado organismo, ou linha de células animais, num meio nutritivo. Produtos fermentados são aqueles produtos cuja produção envolve a acção de microrganismos ou enzimas que causam alterações bioquímicas desejáveis; são o resultado de um processo de fermentação (um processo bioquímico anaeróbico). Os produtos fermentados podem ser amplamente divididos em duas categorias: **produtos de alto volume, produtos de baixo valor ou produtos de baixo volume, produtos de alto valor.** Exemplos da primeira categoria incluem a maioria dos produtos de fermentação de alimentos e bebidas, enquanto muitos produtos químicos finos e farmacêuticos se encontram na segunda categoria.

A extracção e purificação dos produtos de fermentação pode ser difícil e dispendiosa. O ideal é tentar obter um produto de alta qualidade o mais rapidamente possível a uma taxa de recuperação eficiente, utilizando um investimento mínimo em instalações operadas a custos mínimos. Infelizmente, os custos de recuperação de produtos microbianos podem variar.

Se um caldo de fermentação for analisado no momento da colheita, será descoberto que o produto específico pode estar presente em baixa concentração numa solução aquosa que contém microrganismos intactos, fragmentos de células, componentes de meio solúvel e insolúvel, e outros produtos metabólicos. O produto pode também ser intracelular, aquoso labial, e facilmente decomposto por microrganismos contaminantes. Todos estes factores tendem a aumentar as dificuldades de recuperação do produto. Para assegurar uma boa recuperação ou purificação, a velocidade de funcionamento pode ser o factor primordial, devido à natureza lábil de um produto. Por conseguinte, o equipamento de processamento deve ser do tipo correcto e também do tamanho correcto para garantir que o caldo colhido possa ser processado dentro de um prazo satisfatório. Deve também notar-se que cada etapa ou operação de unidade no processamento a jusante envolverá a perda de algum produto, uma vez que cada operação não será 100% eficiente e a degradação do produto poderá ter ocorrido.

A escolha do processo de recuperação é baseada nos seguintes critérios:

- A utilização prevista do produto.
- A magnitude do risco biológico do produto ou caldo de carne.
- A concentração do produto no caldo de fermentação.
- As impurezas no caldo fermentador.
- O padrão mínimo aceitável de pureza.
- A localização intracelular ou extracelular do produto.
- As propriedades físicas e químicas do produto desejado (como ajuda na selecção
- O preço comercializável para o produto

Ensaio de Produto significa verificar a qualidade e quantidade do produto produzido. O rastreio de produtos de fermentação requer uma boa técnica de detecção e ensaio. O mesmo se aplica à maioria dos estudos de fermentação em todos os pontos de desenvolvimento. Estes procedimentos devem ser simples, rápidos, fiáveis, e precisos.

Deve detectar apenas o composto de interesse numa concentração relativamente maior de vários contaminantes químicos do meio de crescimento.

2.0 PRODUÇÃO DE PRODUTOS DE FERMENTAÇÃO

Uma operação típica envolve as fases de **processamento a montante (USP)** e a **jusante (DSP)** (Fig.1). A USP está associada a todos os factores e processos que conduzem e incluem a fermentação, e consiste em **três áreas principais.**

2.1 Processamento a montante (USP)

2.1.1 O microrganismo produtor

Os factores-chave relacionados com este aspecto são: a estratégia para obter inicialmente um microorganismo industrial adequado, a melhoria da estirpe para aumentar a produtividade e o rendimento, a manutenção da pureza da estirpe, a preparação de um inóculo fiável e o desenvolvimento contínuo de estirpes seleccionadas para melhorar a eficiência económica do processo. Por exemplo, a produção de estirpes mutantes estáveis que produzem em excesso o composto alvo é muitas vezes essencial. Alguns produtos microbianos são metabolitos primários, produzidos durante o crescimento activo (a tropofásica), que incluem aminoácidos, ácidos orgânicos, vitaminas e solventes industriais, tais como álcoois e acetona. Contudo, muitos dos produtos industriais mais importantes são metabólitos secundários, que não são essenciais para

crescimento, por exemplo, alcalóides e antibióticos. Estes compostos são produzidos na fase estacionária de uma cultura em lote, após o pico da produção de biomassa microbiana (a idiofase).

2.1.2 O meio de fermentação

A selecção de fontes adequadas de carbono e energia, e outros nutrientes essenciais, juntamente com a optimização geral dos meios de comunicação, são aspectos vitais do desenvolvimento do processo para assegurar a maximização do rendimento e do lucro. Em muitos casos, a base dos meios industriais são produtos residuais de outros processos industriais, nomeadamente resíduos de processamento de açúcar, resíduos lignocelulósicos, soro de queijo e licor íngreme de milho.

2.1.3 A fermentação

Os microrganismos industriais são normalmente cultivados em condições rigorosamente controladas, desenvolvidas para optimizar o crescimento do organismo ou a produção de um produto microbiano alvo. A síntese de metabolitos microbianos é normalmente regulada de forma rigorosa pela célula microbiana. Consequentemente, a fim de obter rendimentos elevados, as condições ambientais que desencadeiam mecanismos reguladores, particularmente a repressão e a inibição do feedback, devem ser evitadas.

As fermentações são realizadas em grandes fermentadores, muitas vezes com capacidades de vários milhares de litros. Estes variam desde simples tanques, que podem ser agitados ou não, a complexos sistemas integrados envolvendo níveis variáveis de controlo informático. O fermentador e as tubagens associadas, etc., devem ser construídos com materiais, geralmente aço inoxidável, que possam ser repetidamente esterilizados e que não reajam negativamente com os microrganismos.

ou com os produtos alvo. O modo de funcionamento do fermentador **(lote, alimentado ou sistemas contínuos), o** método da sua aeração e agitação, quando necessário, e a abordagem adoptada para o processo de escalonamento têm grandes influências no desempenho da fermentação.

2.2 Processamento a jusante (DSP)

O DSP convencional inclui todos os processos unitários que se seguem à fermentação. Envolvem a colheita de células, ruptura celular, purificação do produto a partir de extractos celulares ou do meio de crescimento, e etapas de acabamento. No entanto, estão agora a ser feitas tentativas para integrar a fermentação com operações de DSP, o que frequentemente aumenta a produtividade do processo.

Em geral, a DSP deve empregar métodos rápidos e eficientes para a purificação do produto, mantendo-o de uma forma estável. Isto é especialmente importante quando os produtos são instáveis na forma impura ou sujeitos a modificações indesejáveis se não forem purificados rapidamente. Para alguns produtos, especialmente enzimas, a retenção da sua actividade biológica é vital. Finalmente, deve haver uma eliminação segura e barata de todos os produtos residuais gerados durante o processo.

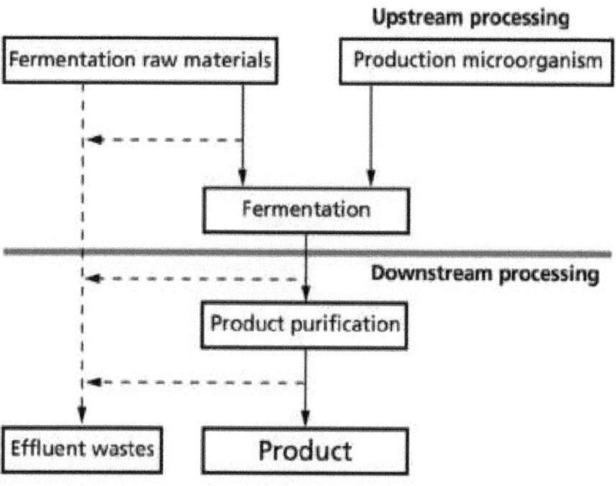

Fig. i Outline of a fermentation process.

3.0 DETECÇÃO E ENSAIO DE PRODUTOS DE FERMENTAÇÃO

Ensaio

Um Ensaio é um procedimento de investigação para aceder qualitativamente ou medir quantitativamente a presença ou quantidade ou a actividade funcional da entidade alvo (o Analista). Antes, os microrganismos de ensaio (estirpe) têm de ser seleccionados, rastreados para saber se são os microrganismos certos que são potencialmente valiosos na produção de um produto comercialmente útil.

Existem três categorias principais de ensaio, que incluem
> **Ensaio físico-químico**
> **Ensaio biológico**
> **Ensaio cromatográfico**

3.1 Ensaios físico-químicos

A escolha das técnicas de ensaio particulares a partir de várias técnicas disponíveis depende da selectividade da reacção química ou da análise química envolvida

uma vez que o caldo de fermentação contém muitos compostos para além daqueles a serem determinados. De facto, em alguns casos, pode ser necessária pelo menos uma purificação parcial do produto de fermentação antes de se efectuar o ensaio.

Tipos de Ensaios Físicos e Químicos

3.1.1 Titulação e Ensaio Gravimétrico

A análise titrimétrica é um tipo de análise quantitativa na qual podemos medir a quantidade de um composto desconhecido utilizando o seu volume. Uma segunda solução ou reagente para a determinação do volume de um composto desconhecido presente numa amostra. Através da determinação do volume do desconhecido, podemos determinar a concentração desse composto na amostra. A **análise gravimétrica** é uma técnica que se enquadra na análise quantitativa, onde podemos determinar o peso de um composto desconhecido numa amostra. Neste método, o passo principal são as reacções de precipitação, que conduzem à separação do composto desejado de uma determinada amostra.

Se o produto de fermentação for ácido orgânico (por exemplo, ácido láctico) adicionar um pH que indique um corante como o azul de bromothymol. Realizar a titulação com base de força conhecida fornece uma estimativa do ácido orgânico produzido. Se ácidos orgânicos voláteis de baixo peso molecular destilados a partir de caldo, a titulação é utilizada para determinar a concentração. Se ácidos orgânicos de alto peso molecular Utilizar anião (ou catião) de troca de resina Ensaio de Titulação é utilizado para o produto de fermentação se o produto for Ácido. Os ácidos orgânicos voláteis de pequeno peso molecular são destilados directamente do caldo acidificado, agora este destilado é utilizado para a análise por titulação. O ácido orgânico de maior peso molecular é separado do meio de fermentação por adsorção e eluição a partir de resinas de troca aniónica adequadas. Uma vez separado do meio, o ácido orgânico é analisado por titulação utilizando corante indicador de pH como o Azul de Bromotimol para uma amostra, seguido de titulação com álcali de força conhecida. Se forem utilizadas titulações electrométricas, o corante não é utilizado se o produto for insolúvel, então é precipitado, lavado, seco, e pesado. (Ou seja, Análise Gravimétrica)

3.1.2 Análise de turbidez e ensaio de determinação do rendimento celular

A determinação da célula no caldo de fermentação dado é feita por ensaio de determinação do rendimento celular se as células forem apenas produtos insolúveis presentes no meio e crescerem como pellets. As células juntamente com o meio são centrifugadas em tubos graduados e o volume de células sedimentadas medido em centímetros cúbicos. A turbidez é outra técnica para estudar as células no caldo de fermentação como produto. Esta técnica é útil para os organismos que crescem ao longo do meio. As células suspensas no seu meio de crescimento são diluídas a uma gama de turbidez que mede quantitativamente como densidade óptica com nephlómetro ou colorímetro, pela deflexão de luz que é causada pelas células microbianas quando suspensas na trajectória da luz destes instrumentos. As medições de turbidez do número de células são normalmente padronizadas em relação a algumas outras técnicas, tais como a contagem de placas para determinar o número de células. A curva padrão é preparada relacionando a densidade óptica com a contagem de placas de cada série de diluições da suspensão de células. Uma vez preparado este gráfico padrão, pode-se contar o número de células a partir da densidade óptica.

3.1 3. Ensaio Espectrofotométrico

Os ensaios espectrofotométricos utilizam vários tipos de espectrofotómetros para medir a quantidade de luz visível absorvida pela solução colorida em comprimento de onda específico, a quantidade de luz ultravioleta absorvida pelo composto ou a intensidade da fluorescência emitida pelo composto quando exposto à luz ultravioleta. Os princípios de análise são semelhantes aos das determinações de luz visível e sob comprimentos de onda ultravioleta escolhidos para permitir a máxima fluorescência ou absorção da luz ultravioleta. A utilização da análise espectrofotométrica para testar um produto de fermentação previamente desconhecido é mais difícil porque o composto puro pode não estar disponível para utilização como padrão de referência na preparação da curva padrão. Análises espectrofotométricas que não produzem resultados quantitativos utilizados para detectar a presença de compostos insuspeitáveis no caldo de fermentação. Uma diluição do caldo de fermentação testada para absorção ultravioleta em comprimentos de onda individuais ao longo de todo o espectro de ultravioleta.

A análise espectral mostrará picos de absorção ultravioleta em certos comprimentos de onda e outros comprimentos de onda mostrarão pouca ou nenhuma absorção de luz ultravioleta.

3.1.4. Ensaio de Partição Cromatográfica

A cromatografia em camada fina e de papel são formas de cromatografia de partição. O soluto ou amostra dividida entre uma fase estacionária como papel ou gel de sílica de placas de camada fina e uma fase móvel constituída por uma mistura de solventes à medida que estes solventes migram através da camada de papel ou gel de sílica. A cromatografia de papel é aplicada para compostos solúveis em água, enquanto a cromatografia de camada fina é utilizada para compostos hidrofóbicos. No entanto, os compostos solúveis em água e insolúveis são separados por ambos os procedimentos. O soluto ou o produto de fermentação é carregado em papel ou gel de sílica e é permitido separar em qualquer uma destas fases estacionárias com a ajuda de solvente que está presente na câmara. De acordo com a composição do produto, haverá formação de diferentes bandas no papel ou gel de sílica, que será colorido por meio de corante e depois cada banda é medida pelos seus movimentos a partir da origem que é o seu valor Rf. Após o carregamento da amostra para o cromatograma, (papel ou gel de sílica) é permitido correr com a ajuda do primeiro sistema de solvente, depois o cromatograma é transformado em noventa graus e novamente permitido correr com a ajuda do segundo sistema de solvente, enquanto que ao fazê-lo o composto se moverá com um dos sistemas de solvente.

3.1.5. Ensaio de cromatografia de gás

O cromatógrafo de gás utiliza uma forma de cromatografia de partição para volatilizar e separar certos tipos de produtos de fermentação. Na injecção no cromatógrafo de gás, o produto de fermentação converte-se em estado gasoso e neste estado é empurrado por um fluxo de gás inerte através de uma coluna de partição. O composto separado durante a passagem desta coluna detectado electronicamente com a ajuda do sistema detector. Se o produto não for volátil, tornou-se volátil com a ajuda de ésteres químicos como os ésteres. Ensaio quantitativo obtido por comparação das áreas que ocorrem sob picos em parcelas dos dados com áreas correspondentes de várias quantidades de composto de referência.

3.1.6. Outras Técnicas

Entre as técnicas utilizadas para a detecção do produto de fermentação, as técnicas discutidas acima estão entre as técnicas utilizadas para a detecção do produto de fermentação, mas se se quiser obter estrutura ou a composição química e formação de ligação entre cada átomo num dado composto, então técnicas como a **espectroscopia de infravermelhos, a Ressonância Magnética Nuclear e a espectroscopia de massa** são úteis. Para tais técnicas, o composto deve estar em forma pura. Estas técnicas são dispendiosas, mas podem fornecer informações valiosas sobre o produto.

3.2.0 Ensaio Biológico de Fermentação Produto

Ensaio de Produto significa verificar a qualidade e quantidade do produto produzido. Existem muitos tipos de ensaios, mas aqui estamos a discutir o Ensaio Biológico. Para o ensaio biológico, é necessário um organismo de ensaio sensível ou uma enzima. O produto testado contra o organismo sensível, que pode deprimir ou estimular o crescimento dos organismos de teste sensíveis. Em meios sólidos, a diminuição ou o aumento do crescimento do organismo sensível pode projectar-se como zona de exposição ou de inibição. Em meios líquidos, o crescimento do organismo testado mede-se como turbidez dos meios. Se o ensaio biológico emprega enzima, então a qualidade e quantidade do produto medido como aumento da actividade enzimática. A actividade enzimática significa a utilização de reagente ou a produção de produto por enzima. Como cada moeda tem duas faces, o ensaio biológico também tem algumas limitações. Apesar desta limitação, este ensaio desempenha um papel importante no processo de ensaio na indústria.

Limitações do bioensaio

- É mais difícil realizar este bioensaio
- Proporciona maior erro
- É menos reprodutível Como foi dito anteriormente, este ensaio requer organismo de teste, mas não podemos usar qualquer organismo, mas requer um organismo específico. Os organismos de teste devem ter as seguintes características
- Deve ser geneticamente estável
- Deve responder de forma graduada apenas ao composto de teste e não a outros materiais que possam estar presentes na solução para o ensaio

- Deve crescer relativamente depressa em meios simples
- Não deve ser um agente patogénico
- A cela não deve tufar para o ensaio turbidimétrico ou enxame através do ágar para o ensaio de difusão
- Deve, se possível aeróbica ou aeróbica facultativa
- Deve crescer bem a pH que não afecte a estabilidade ou toxicidade do material a ensaiar

Quatro Categorias Ensaios Biológicos
- Ensaio de difusão
- Ensaio Turbidimétrico
- Ensaio de resposta metabólica
- Ensaio enzimático

3.2.1 Ensaio de difusão

Ensaios de difusão realizados em meios sólidos, geralmente um meio de ágar, que é adequado para o crescimento dos organismos de ensaio. O composto a ser testado pode ser difundido através do meio de forma radial a partir de uma almofada ou copo, para que o crescimento adjacente do organismo teste seja deprimido, quer como com um antibiótico, quer estimulado, como com o factor de crescimento. O diâmetro da zona de inibição ou zona de exposição reflecte a concentração do composto utilizado no ensaio, e é comparado com zonas semelhantes produzidas por várias concentrações desconhecidas de composto padrão ou de referência. Os diâmetros de zona do padrão traçado contra os logaritmos da concentração utilizada, e a porção linear deste gráfico utilizada para a determinação da concentração real da amostra utilizada para o ensaio.

Existem **dois tipos** de Ensaio de Difusão
A. Método do Cilindro
B. Método do disco de papel

A. Método do Cilindro,

10 ml de ágar fundido vertido em placa de Petri estéril. Assim que esta camada base é dura, 5 ml do mesmo ou de um meio de ágar diferente inoculados com um organismo de teste adicionado acima da camada base e permitido endurecer para formar a camada de "ágar semeado". Em seguida, números de cilindros colocados por placa, dependendo do tamanho esperado da zona. Os cilindros preenchidos com diluições adequadas das soluções utilizadas para o ensaio ou com soluções contendo concentrações conhecidas do composto de referência, e as placas incubadas durante um período especificado a temperatura constante. Os diâmetros das zonas de crescimento estimulado ou reduzido são então medidos em mililitros, e a concentração nas soluções em ensaio é determinada por comparação com a curva padrão.

B. Método do disco de papel

No método do disco de papel, as placas de meio de ágar semeado são preparadas e inoculadas como para o ensaio do cilindro. No entanto, solução a utilizar para o ensaio ou soluções de composto de referência adicionada a um volume de 0,1 ml ao disco de papel de filtro esterilizado, geralmente 12,8 mm de diâmetro, colocado na superfície do ágar semeado. A incubação e o cálculo do ensaio são semelhantes ao método do cilindro.

3.2.2 Ensaio Turbidimétrico

Ensaio turbidimétrico realizado em meio líquido. O uso composto para ensaio utilizado em meio líquido e taxa de crescimento ou crescimento total do organismo utilizado para ensaio medido em termos de turbidez do meio. O crescimento pode aumentar ou diminuir dependendo do composto utilizado para o ensaio. Um meio estéril adequado dispensado em série de tubos, e quantidade graduada do material estéril a utilizar para o ensaio adicionado. Todos os tubos inoculados com uma pequena e constante quantidade de cultura jovem e vigorosa do organismo de ensaio, e depois incubados durante um período específico a temperatura constante. A duração do período de incubação depende se a turbidez da cultura deve ser determinada em algum momento durante o crescimento logarítmico, o crescimento total dos organismos, que pode ocorrer no meio particular. Turbidez medida visualmente ou espectrofotometricamente ou como densidades ópticas ou absorvância. As densidades ópticas traçadas contra a concentração de padrão para obter uma curva padrão.

Ensaio de Determinação do Ponto Final O crescimento microbiano nem sempre produz células dispersas para determinação da turbidez. Por vezes, o crescimento ocorre como uma película na superfície do meio, ou como um tufo de células no fundo, que não pode ser adequadamente decomposto e disperso para a determinação da turbidez. Um bioensaio ainda é possível, contudo, empregando como ensaio de ponto final. Assim, para o produto de fermentação que inibe o crescimento, é inoculado com o organismo de ensaio. Os tubos incubados durante um período definido a temperatura constante, e cada tubo observado para determinar a presença ou ausência de crescimento. A quantidade relativa do produto de fermentação no caldo de fermentação original, determinada pela quantidade de diluição, que o produto de fermentação pode suportar nos tubos de ensaio e ainda inibir o crescimento do organismo de ensaio.

3.2.3 Ensaio de resposta metabólica

Os ensaios de resposta metabólica são semelhantes aos ensaios turbidimétricos excepto que, em vez de medirmos o efeito do produto de fermentação sobre a taxa de crescimento ou o crescimento total do organismo teste, medimos o efeito sobre alguma reacção metabólica que o organismo teste realiza durante o crescimento. O organismo pode evoluir gás de dióxido de carbono ou gás oxigénio de absorção durante um processo metabólico particular, quando determinado composto está presente. Assim, os tipos de composto, a sua concentração, e a sua absorção medidos indirectamente através da medição da quantidade de gás evoluído pelo organismo em condições padrão.

A substância a ser testada determina o tipo de medidas de resposta que depende do efeito bioquímico da substância no metabolismo do organismo.

Todos os tipos de resposta microbiana podem ser colocados em qualquer uma das seguintes catagorias:

a. Resposta ao crescimento
b. Resposta metabólica.

A. Resposta de crescimento:

A maioria dos procedimentos microbiológicos que são utilizados para análise dependem da resposta do crescimento do microrganismo ao ambiente.

Se o organismo responder à substância a ser testada com crescimento aumentado, **é positivo**. Mas se o organismo não conseguir crescer na presença de um determinado material, **é negativo**.

O crescimento ou falta dele pode ser medido por :

-Contagens numéricas

- Densidade óptica

-Peso

-Area

A resposta pode ser graduada em proporção à concentração do material de teste ou pode ser uma resposta definitiva e , uma resposta total ou nenhuma.

B. Resposta metabólica:

Para além da resposta de crescimento de um organismo a uma determinada substância, pode haver uma reacção metabólica ao material.

Certos organismos produzem produtos metabólicos mensuráveis que podem ter uma alteração em alguma função que pode ser medida.

Entre as respostas metabólicas mensuráveis estão

-produção ácida

- Produção de dióxido de carbono

-O consumo de oxigénio (Schopfer,1935)

-Redução de nitratos (Hoagland and Ward, 1942)

-Hemólise dos glóbulos vermelhos (Dimick,1943)

-Actividade antiluminescente (Rake *et al,* 1943)

-Inibição da germinação de esporos (Brian e Hemming, 1945)

-Esterilização ou cura do crescimento de hifas de micélio fungo (Brian e Curtis, 1946)

3.2.4 Ensaio enzimático

Os ensaios enzimáticos são altamente específicos, e detectarão quantitativamente uma quantidade ínfima de produto de fermentação, bem como diferenciam o composto biologicamente activo e inactivo. Uma preparação enzimática incubada com uma amostra de caldo de cultura para causar alguma alteração mediada por enzimas no produto de fermentação, tal como a decomposição parcial com a consequente formação de um produto mensurável. Por exemplo,

Produção de ácido L-glutâmico doseado pela adição de células lavadas de certas estirpes de Escherichia coli que contêm a enzima "decarboxilase do ácido glutâmico". Ensaio realizado a um pH de cinco. Uma toupeira de CO_2 libertada de cada toupeira de ácido glutâmico. Ensaio enzimático testado cuidadosamente para determinar se estão realmente a funcionar sob condições específicas empregadas. Uma quantidade conhecida do produto químico puro adicionada como padrão interno a uma amostra de um caldo típico de fermentação, mas não a outra amostra. Os resultados do ensaio devem reflectir quantitativamente a quantidade de produto químico adicionado quando os valores do ensaio para as duas amostras forem comparados. Se os valores não forem os mesmos, então várias possibilidades precisam de ser verificadas. O pH ou temperatura pode não ser o ideal para a reacção enzimática. O composto na amostra como metal ou inibidor pode inibir a reacção enzimática. A enzima é muitas vezes instável em condições de ensaio. Apenas pequena quantidade ou nenhuma enzima produzida.

3.3 Rastreio secundário de microrganismos

O rastreio primário ajuda na detecção e isolamento de microrganismos dos substratos naturais que podem ser utilizados para fermentações industriais para a produção de compostos de utilidade humana, mas não pode dar os detalhes do potencial de produção ou rendimento do organismo. Tais pormenores podem ser averiguados através de mais experiências.

Isto é conhecido como **rastreio secundário**, que pode fornecer uma vasta gama de informações relacionadas com o

- Capacidade ou potencialidade do organismo para produzir metabolito que pode ser utilizado como um organismo industrial.
- A qualidade do produto de rendimento.
- O tipo de processo de fermentação que é capaz de realizar.
- Eliminação dos organismos, que não são importantes do ponto de vista industrial.

Para avaliar o verdadeiro potencial dos microrganismos isolados, são geralmente realizadas análises qualitativas e quantitativas. A sensibilidade do organismo de teste a um antibiótico recentemente descoberto é geralmente analisada durante a análise qualitativa, enquanto o rendimento quântico do antibiótico recentemente descoberto é estimado pela análise quantitativa.

3.3.1 Avaliação das Potencialidades dos Microrganismos:

Os microrganismos isolados na triagem primária são avaliados criticamente na triagem secundária, de modo a que as potencialidades industrialmente importantes e viáveis possam ser avaliadas.

Estas avaliações incluem:

- Determinar o produto produzido por um organismo é um composto novo ou não.
- Deve ser feita uma determinação sobre as potencialidades de rendimento de vários microrganismos isolados que são detectados no rastreio primário para esse novo composto.
- Deve determinar sobre os vários requisitos do microorganismo,

tais como pH, aeração, temperatura, etc.

- Deve detectar se o organismo isolado é geneticamente estável ou não.
- Deve revelar se o organismo isolado é capaz de destruir ou alterar quimicamente o seu próprio produto fermentativo, produzindo enzimas adaptativas se estas se acumularem em quantidades mais elevadas.
- Deve revelar a adequação do meio ou das suas substâncias químicas constituintes ao crescimento de um microorganismo e as suas potencialidades de rendimento.
- Deve determinar a estabilidade química do produto.
- Deve revelar as propriedades físicas do produto.
- Deve determinar se o produto produzido por um microrganismo num processo fermentativo é tóxico ou não.
- O rastreio secundário deve revelar se o produto produzido no processo de fermentação existe em mais do que uma forma química. Se assim for, a quantidade de formação de cada formação química destes produtos adicionais é particularmente importante, uma vez que a sua recuperação e venda como subprodutos pode melhorar muito o estatuto económico da indústria da fermentação.
- O novo organismo deve ser identificado ao nível da espécie. Isto ajudará a fazer uma comparação do padrão de crescimento, potencialidades de produção e outros requisitos do organismo de teste com os já descritos na literatura científica e de patentes, como sendo capazes de sintetizar produtos de valor comercial.
- Deve seleccionar microrganismos industrialmente importantes e descartar outros, que não são úteis para a indústria da fermentação.
- Deve determinar o estatuto económico de um processo de fermentação empreendido através do emprego de microrganismos recentemente isolados.

3.3.2 Métodos de Rastreio Secundário:

O rastreio secundário fornece informação muito útil relativa aos microrganismos recentemente isolados que podem ser empregues em processos de fermentação de valor comercial. Estes testes de rastreio são conduzidos utilizando placas de petri contendo meios sólidos ou utilizando frascos ou pequenos fermentadores contendo meios líquidos. Cada método tem algumas vantagens e desvantagens. Por vezes ambos os métodos são empregues simultaneamente.

O método dos meios líquidos é mais sensível do que o método da placa de ágar porque fornece mais informação útil sobre as respostas nutricionais, físicas e de produção de um organismo às condições reais de produção da fermentação. Para este método são utilizados frascos de Erlenmeyer com deflectores contendo meios líquidos altamente nutritivos. Os frascos são totalmente arejados com deflectores de vidro e continuamente agitados num agitador mecânico, a fim de se obter um óptimo rendimento do produto.

Há várias técnicas e procedimentos que podem ser utilizados para o rastreio secundário. Contudo, apenas um exemplo específico de estimativa de substância antibiótica produzida por espécies de *Streptomyces,* é descrito no parágrafo seguinte. Métodos semelhantes poderiam ser utilizados para a detecção e isolamento de microrganismos capazes de produzir outros produtos industriais.

(i) Técnica de Colónia Gigante

Esta técnica é utilizada para isolamento e detecção daqueles antibióticos, que se difundem através de meio sólido. Espécies de *Streptomyces,* é capaz de produzir antibióticos durante o rastreio primário. A cultura isolada de Streptomyces é inoculada na área central de uma placa de Petri esterilizada contendo meio de ágar nutriente e são seleccionadas. As placas são incubadas até que ocorra um crescimento microbiano suficiente.

Culturas de organismos de teste, cuja sensibilidade antibiótica deve ser medida, são estriadas desde os bordos das placas até ao crescimento de Streptomyces, mas sem tocar no crescimento das

Streptomyces e são ainda incubadas para permitir o crescimento dos organismos de teste. Depois mede-se em milímetros a distância ao longo da qual o crescimento de diferentes organismos de teste é inibido pelo antibiótico segregado Streptomyces.

A relativa inibição do crescimento de diferentes organismos de teste pelo antibiótico é chamada espectro de inibição. Os organismos cujo crescimento é inibido a uma distância considerável são considerados mais sensíveis ao antibiótico do que aqueles organismos, que podem crescer perto do antibiótico. Tais espécies de Streptomyces, que têm potencial de inibição de microrganismos, são preservadas para testes adicionais.

(ii) Método de filtração

Este método é utilizado para testar os antibióticos pouco solúveis em água ou que não se difundem através do meio sólido. A Streptomyces é cultivada num caldo e o seu micélio é separado por filtração para obter o filtrado de cultura. Várias diluições de filtrados de antibióticos são preparadas e adicionadas ao meio de revestimento de ágar fundido e permitidas para solidificar.

Mais tarde, as culturas de vários organismos de teste são estriadas em linhas paralelas no meio solidificado e tais placas são incubadas. O efeito inibitório do antibiótico contra os organismos testados é medido pelo seu grau de crescimento em diferentes diluições antibióticas.

Um dos filtros mais utilizados na indústria é o filtro rotativo a vácuo, disponível em várias formas. Essencialmente, o filtro consiste num cilindro rotativo oco dividido em quatro divisórias e coberto com uma gaze metálica ou de tecido. É aplicado um vácuo no cilindro e à medida que este gira, o vácuo aspira os materiais líquidos do canal pouco profundo no qual o cilindro rotativo está imerso. Para chorumes espessos difíceis de filtrar (por exemplo, caldos de aminoglicosídeos) é primeiro permitido absorver no cilindro uma fina camada de adjuvante de filtração (por exemplo, Kiesselghur). Mais tarde, o cilindro filtrante com o seu fino revestimento do adjuvante de filtração é permitido rodar no canal em que o caldo é agora colocado. O cilindro rotativo, o vácuo ainda ligado, é lavado com uma salpicadura de água; uma faca cuja extremidade é posicionada apenas com a camada de adjuvante de filtração raspa os sólidos apanhados do caldo. Quando é utilizado para caldo facilmente filtrado, tal como no caldo de penicilina, não é utilizado nenhum adjuvante de filtração. Em vez disso, um arranjo de cordas associado a uma libertação do

o vácuo no segmento do cilindro ajuda a libertar o material recolhido do caldo.

Filtros tipo anel e arame: Estes filtros consistem num revestimento de terra de diatomáceas sobre uma rede de arame suportada por uma armação de varetas metálicas. O líquido a ser filtrado é introduzido sob uma pressão de 75 p.s.i em vez de sob vácuo como no filtro rotativo de vácuo. São utilizados quando a carga é leve, tal como para polir cerveja ou sumos de fruta. Podem ser limpos por lavagem de fundo com água.

(iii)   Centrifugação

A centrifugação não é amplamente utilizada para a separação primária dos sólidos do caldo na cerveja de fermentação devido à espessura destas pastas e ao facto de muitas indústrias terem operado com sucesso com filtros. Só em alguns casos é que uma centrifugação desgasta um caldo de água para qualquer lugar próximo da extensão que um filtro faria. Na indústria de isolamento enzimático, no entanto, a centrifugação é preferida à filtração, provavelmente porque os detritos celulares indesejados são removidos de forma bastante eficiente por este método. Um grande número de centrífugas está disponível no mercado e uma nova indústria de fermentação ou uma mudança no método de produção de processos antigos pode exigir a utilização de centrífugas para a separação primária.

(iv) Coagulação e Floculação

A coagulação é a coesão de colóides dispersos em pequenos flocos; na floculação estes flocos agregam-se para formar massas maiores. A primeira é induzida por electrólitos e a segunda por polielectrólitos, de elevado peso molecular, compostos solúveis em água que podem ser obtidos em formas iónicas, aniónicas ou catiónicas. Bactérias e proteínas com carga negativa de colóides são facilmente floculadas por electrólitos ou polielectrólitos. Por vezes pode ser utilizado barro, ou carvão activado. O efeito líquido da floculação é que a remoção dos colóides facilita a filtração. Pode até ser possível simplesmente decantar o sobrenadante, uma vez que os flocos suficientemente grandes removem a porção sólida da "cerveja" que deve ser utilizada e muito pouco utilizada entre os vários floculantes deve ser trabalhada por experimentação. Uma vez que a floculação depende das características da parede celular, os agentes devem cumprir os seguintes requisitos, especialmente se as células, e não o líquido, forem os produtos necessários. Os floculantes devem ter as seguintes propriedades.

- Devem reagir rapidamente com as células.
- Devem ser atóxicos.
- Não devem alterar os constituintes químicos da célula.
- Devem ter um poder de coesão mínimo, a fim de permitir uma
- Remoção subsequente da água por filtração.
- A sua adição não deve resultar nem de alta acidez nem de elevada alcalinidade.
- Devem ser eficazes em pequenas quantidades e ter um custo baixo.
- Devem ser de preferência laváveis para reutilização.

(vi) Fraccionamento da espuma

A formação de espuma foi descrita no Capítulo 9. O princípio do fraccionamento da espuma é que num sistema de espuma líquida a composição química de uma dada substância no líquido a granel é normalmente diferente da composição química de alguma substância na espuma. A espuma é formada pela formação de espuma por meio de uma faísca do líquido a granel que contém a substância a ser fracionada com um gás inerte. O gás é alimentado na parte inferior (Fig. 10.2) de uma torre e a espuma criada transborda na parte superior transportando consigo os solutos a serem fraccionados. Surfactantes ou (substâncias activas de superfície que reduzem a tensão superficial, por exemplo teepol) podem ser adicionados em líquidos que não espumam. Este método tem sido utilizado para recolher uma vasta gama de microrganismos e embora principalmente experimental, pode ser utilizado em grande escala na indústria.

(vii) Tratamento da fertilidade

Como tinha sido indicado anteriormente, em algumas fermentações, tais como a fermentação com acetona e butanol, todo o caldo não separado é despojado do seu conteúdo do produto requerido. Na indústria antibiótica, uma situação semelhante foi alcançada antes de ser possível absorver directamente os antibióticos estreptomicina (utilizando resina catiónica de troca) e novobiocina (numa resina aniónica.) Os antibióticos são eluídos das resinas e depois cristalizados. Este processo poupa o capital e as despesas recorrentes da separação inicial dos sólidos do caldo de carne.

(viii) Método do Meio Líquido

Este método é geralmente empregue para uma nova despistagem para determinar a quantidade exacta de antibiótico produzido por um microorganismo como Streptomyces.

Os frascos cónicos de Erlenmeyer contendo meio altamente nutritivo são inoculados com Streptomyces e incubados à temperatura ambiente. São também arejados por agitação contínua e vigorosa durante o período de incubação para permitir que Streptomyces produza o antibiótico numa quantidade óptima.

As amostras de fluidos de cultura são periodicamente retiradas assepticamente para a realização das seguintes verificações de rotina:

• Para verificar a adequação dos diferentes meios para uma produção máxima de antibióticos.

- Determinar o valor de pH em que haverá o crescimento máximo do microrganismo e a produção de antibióticos.
- Para verificar a contaminação.
- Para determinar se o antibiótico produzido é novo ou não.
- Para verificar a estabilidade do antibiótico a vários níveis de pH e temperaturas.
- Para determinar a solubilidade do antibiótico em vários solventes orgânicos.
- Para verificar a toxicidade do antibiótico contra os animais experimentais.

Após a realização dos testes de rotina acima mencionados, são também realizados mais estudos para conhecer as seguintes informações adicionais:
- Efeito da temperatura de incubação e dos agentes antiespuma na fermentação.
- Taxa de resistência desenvolvida entre os organismos de teste.
- Verificação das propriedades bacteriostáticas ou bactericidas do antibiótico. A sua capacidade de precipitar proteínas séricas para causar hemólise do sangue ou prejudicar os fagócitos.
- Verificação da possibilidade de inclusão da substância química precursora da produção de antibióticos no meio.
- Adequação do organismo à mutação e a outros estudos genéticos.

4.0 TIPOS DE MICRORGANISMOS UTILIZADOS PARA O ENSAIO

O espectro dos reagentes microbianos utilizados para o ensaio é amplo. Assim, o operador, à luz das suas necessidades, deve escolher o organismo,

1. O que deve ser utilizado em qualquer ensaio?
2. O tipo e quantidade de material a ser ensaiado
3. Qual é a resposta desejada
4. Tempo disponível para o ensaio
5. Exactidão dos resultados exigidos.

-Bactérias: As bactériasfermentadoras de ácido láctico são utilizadas para o ensaio de vitaminas e aminoácidos.

Exemplo: *Salmonella typhosa, Micrococcus pyogenes var. aureus* e *Escherichia coli.*

-Yeast: como o reagente foi desenvolvido para a tiamina (Williams et al., 1941), ácido nicotínico, piridoxina, ácido pantoténico, biotina, inositol e cocarboxilase. Todos foram geralmente considerados insatisfatórios.

-Fungi: são utilizados para o ensaio de antibióticos, metais vestigiais, vitaminas e na avaliação de materiais fungicidas e fungistáticos.e.g. Os mutantes Neurospora.

-Protozoa: Devido à sua variedade de necessidades nutricionais, tais como vitaminas, aminoa cid, derivados do ácido nucleico e factores gordos. VitB$_{12}$ talvez ensaiado -Euglena *Gracilis*

Mais uma vez, deve ser enfatizado que as necessidades e o interesse do laboratório ou investigador individual determinam que organismo deve ser utilizado.

Vantagens e Desvantagens do Microrganismo Aforementioned

- **As bactérias** utilizadas no ensaio do ponto de vista são vantajosas devido à sua simplicidade e ao dispêndio mínimo de tempo.
- **A utilização de Levedura** para fins de ensaio com base no facto de as necessidades de azoto dos organismos necessitarem de uma definição mais detalhada, uma vez que as fontes de azoto utilizadas nos meios basais, indicando que as amostras de ensaio podem conter polipéptidos estimulantes que invalidariam um ensaio em que estas substâncias aumentassem o crescimento do organismo. Embora seja muito caro no cultivo de leveduras que requerem O2 e podem ser feitas eficazmente utilizando tubos e frascos agitadores para aeração.

Isto iria interferir com o processamento de um grande número de amostras.

- **Os fungos** têm a desvantagem de serem cultivadores

lentos, aumentando assim o tempo necessário para o ensaio.

• A utilização de Protozoa para efeitos de ensaio é comparativamente nova.

A utilização destes organismos pode alargar consideravelmente o campo da microbiologia analítica.

REFERÊNCIAS

- Ahuja, S. (2000). Manual de Bioseparações. Vol 2 Academic Press. San Diego, USA.
- Dobie, M., Kruthiventi, A.K., Gaikar, V.G. (2004). Biotransformações e Bioprocessos. Marcel
- Dekker, Nova Iorque, EUA.
- Endo, I., Nagamune, T., Katoh, S., Yonemoto (eds) (1999). Engenharia de Bioseparação. Elsevier Amsterdam, Países Baixos.
- Garcia, A.A., Bonem, M.R., Ramirez-Vick, J., Saddaka, M., Vuppu, A. (1999). Processo de Bioseparação
- Ciência. Blackwell Science, Massachussets, EUA.
- Harrison, R.G., Todd, P., Rudge, S.R., Petrides, D.P. (2003). Ciência e Engenharia da Bioseparação.
- https://www.studocu.com/en-za/document/university-of johannesburg/biotecnologia/detecção- e ensaio de fermentação- produtos/2204894 acedido em 24/01/22
- Dionex. Detectores de Aerossóis Carregados. http://www.dionex.com/enus/products/liquid-chromatograph y/lc- módulos/detectores/aerosol/lp-85214.html. acedido em 24/01/22
- Kalyanpur, M. (2000). Downstream Processing in Biotechnology In: Processamento a jusante de
- Microbiology, New York.Scheper, T.-H. & Lammers, F. (1994) Fermentation monitoring and process control. Current Opinion in Biotechnology 5, 187-191.
- Mirbach M.J. e El Ali B. (2005). Fermentação Industrial (Ch. 9), In: Ali M.F., El Ali B.M. e Speight J.G., Handbook of Industrial Chemistry. Química Orgânica. Nova Iorque: McGraw-Hill. [Este debate aborda vários apsectos de fermentações industriais].
- Mazzotta, M.; Pace, R.; Wallgren, B.; Morton, S.; Miller, K.; Smith, D., Direct Analysis in Real Time Mass Spectrometry (DART-MS) of Ionic Liquids. J. Am. Soc. Espectrómetro de

Massa 2013, 24 (10), 1616-1619
- Michael J. Waites, Neil L. Morgan, John S. Rockey e Gary Higton)Microbiologia Industrial-An introdução:Por Mrray Moo Young.Comprehensive Biotechnology-The Principles, Applications and Rugulations of Biotechnology in Industry, Agriculture and Medicin.H. A. Modi-Pointe. Tecnologia de Fermentação: Up Stream Fermentation Technology- Vol-I:
- Naglak, T.J., Hettwer, D.J., Wang, H.Y, (1990). Permeabilização química de células para libertação de produtos intracelulares. In: Processos de Separação em Biotecnologia, Marcel Dekker, New York, USA.
- Oxford University Press, Nova Iorque, EUA. Proteínas: Métodos e Protocolos. M. Desai, (ed) Humana. Totowa, NJ: EUA. pp. 1-10.
- Peter F. Stanbury, Allan Whitaker e Stephen J. Hall, Butterworth- Heinemann, Principles of Fermentation Technology. Uma marca da Elsevier Science.)Casida L. E. Industrial Microbiology: New Age international (P) ltd publications)A Text Book of Industrial Microbiology: (2ª edição Por Wulf Crueger & Anneliese Crueger)V.K. Joshi & Ashok Pandey.Biotechnology: Microbiologia de Fermentação Alimentar, Bioquímica & Tecnologia Vol. 1 & 2:
- Rezac, S.; Kok, C.R.; Heermann, M.; Hutkins, R. (2018) Alimentos fermentados como fonte dietética de organismos vivos. Frente. Microbiol. 9, 1785. [CrossRef].
- Sonenshein, A. L., Hoch, J. & Losick, R. (1992) Bacillus subtilis e outras bactérias Gram-positivas: Biochemistry, Physiology and Molecular Genetics. Sociedade Americana de Microbiologia, Nova Iorque
- Yang, C. M., & Tsao, G. T. (1982). Cromatografia de afinidade. Advances in Biochemical Engineering, 15, 1942. caldo de fermentação. Tecnologia de Separação e Purificação, 73, 122125.

- Walker, G.M.; Stewart, G.G. Saccharomyces cerevisiae na produção de bebidas fermentadas. Bebidas 2016, 2, 30. [CrossRef].

CAPÍTULO 3

ASPECTO DA BIOLOGIA DAS TÉCNICAS DE CULTURA INDUSTRIAL E MANUTENÇÃO

Dra. Constance Chinyere Ezemba. Arinze S. Ezemba, Udoye, W. Ifunaya, Vivian, N. Anakwenze e Oluchi J. Osuola

1.0. Técnicas microbiológicas (MT): São os métodos práticos, competências (decorrentes do conhecimento) que são empregues no laboratório de microbiologia ou utilizados para a realização de análises microbiológicas.

- Técnicas de manipulação e cultivo microbiano
- técnicas assépticas e Esterilização
- Isolamento e técnicas de identificação
- Técnicas de amostragem

1.0.1 Técnicas de manipulação e cultivo microbiano/ Técnicas de cultura

Várias técnicas que são rotina nos laboratórios de microbiologia permitem que os microrganismos sejam cultivados, examinados e identificados. Estas práticas são importantes por várias razões, algumas destas técnicas são;

a. **Técnicas assépticas**

Estas são medidas de rotina rigorosas, procedimentos e precauções tomadas ou utilizadas:

- O manuseamento de materiais,
- Meios de cultura,
- Equipamento de laboratório
- E pessoal

Forma de evitar ou prevenir a contaminação microbiana enquanto se trabalha com microrganismos.

Exemplos de actividades laboratoriais que se podem aplicar técnicas assépticas.

- Recolha de amostras especialmente para análise
microbiológica
- Culturas
- Transformação de culturas
- Inoculação de meios
- Isolamento de culturas puras
- Realização de testes microbiológicos.

As técnicas assépticas são geralmente mantidas em laboratório
através do laboratório:

1) A utilização de queimadores de Bunsen que são também utilizados para queimar (ou esterilizar por chama) o laço de arame, frasco cónico, boca de tubo de ensaio antes e depois da inoculação. Quando aceso, proporciona uma corrente de ar ascendente que transporta o ar para longe do espaço de trabalho, reduzindo assim a contaminação.

2) Utilização de luvas de mão, bata de laboratório, protecção dos olhos.

3) A utilização de superfícies de bancada constituídas por material não absorvente, como por exemplo, o "benchcote", deve ser sempre desinfectada antes e depois do trabalho.

4) Utilização de desinfectantes e antissépticos.

5) Utilização do fluxo da lâmina durante a inoculação.

6) Inclinação do tubo de ensaio a um ângulo para reduzir a possibilidade de microorganismo no ar cair dentro do tubo.

7) As mãos devem ser lavadas com água e sabão.

8) As culturas e aparelhos indesejados contaminados com microrganismos (mos) devem ser deslocados adequadamente.

1.1 Meios de Cultura

Os meios de cultura/médios utilizados em microbiologia são substâncias com a utilização dos nutrientes necessários para cultivar, isolar, identificar e apoiar o crescimento de micróbios no laboratório.

O meio utilizado para cultivar um mos é crítico porque pode determinar o nível de crescimento microbiano e a formação do produto a fim de maximizar a competitividade, são utilizados materiais brutos de baixo custo ou por produto de indústrias como fonte de carbono, nitrogénio e factores de crescimento. Podem ser classificados de acordo com estas propriedades.

    a. Composição química
    b. Estado físico
    c. Função

a)   Composição Química/Natureza

Estão classificados em 2 categorias principais:

1. Meios indefinidos/complexos: são meios que não sejam meios basais/simples que contêm alguns ingredientes químicos de concentração desconhecida e que também fornecem nutrientes especiais a meios específicos, por exemplo, meios mínimos. Este meio contém uma fonte de carbono como a glucose, água, vários sais e uma fonte de aminoácidos e azoto (por exemplo, carne de vaca, extracto de levedura).

Os meios basais/simples, por exemplo caldo de nutrientes e ágar são os mais comuns nos laboratórios de diagnóstico de rotina que contêm peptona, extracto de carne, Nacl e água.

Os meios suplementares mínimos contêm um único agente seleccionado, geralmente um aminoácido ou um açúcar. Este suplemento permite o cultivo de linhas específicas de mos. Alguns meios contêm peptona, levedura ou extracto de carne que são misturas de outro nutriente cujas quantidades de extracto são desconhecidas e podem variar de lote para lote.

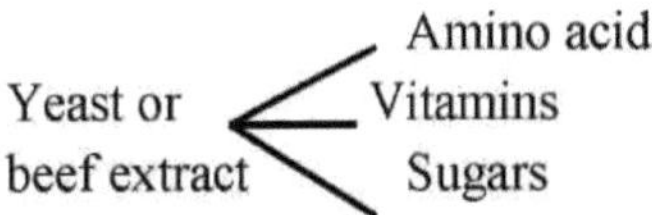

2 Meios definidos/sintéticos: são aqueles em que são adicionados componentes químicos puros em quantidades conhecidas, não está presente qualquer levedura, tecido animal ou vegetal e são utilizados para estudos especiais.

Por exemplo, água peptonada: quantidade de ingrediente para fazer 1000 cm

Peptone - 1%

Nacl -0,5%

Nacl em H_2O

b) **Estado físico**

1. **Líquido:** meio feito sem ágar para o manter na forma líquida e utilizado durante a preparação do inóculo. É difuso para isolar o mos e o crescimento difuso. Por exemplo, caldo de nutriente.

2. **Semi sólido:** feito de pouco ágar (0,5%) uso para técnica específica, por exemplo, meio de motilidade

3. **Sólido:** composto por 2% de ágar e outros nutrientes. Utilizado durante a pigmentação e morfologia das colónias, por exemplo, ágar MacConkey, Ágar nutriente. É fácil de isolar, identificar características, morfologia distinta das colónias.

c) Função

1) **Meios de comunicação de uso geral**: são meios de comunicação complexos, concebidos para cultivar um amplo espectro de microrganismos e sustentá-los.

e.   g.- caldo de nutrientes e ágar: São normalmente utilizados para a cultura de bactérias.

- Caldo de soja tryptic e ágar: eles sustentam o crescimento de muitos microorganismos

- Ágar de contagem de placas (PCA): utilizado para avaliar para as bactérias anaeróbias mesófilas totais.

- Ágar dextrose de batata (PDA): utilização para o cultivo de leveduras e bolores.

2) **Meios selectivos:** contém ingredientes que favorecem o crescimento de determinadas mos (bactérias) desejadas, pelo que inibem o organismo indesejado.

- Por exemplo, ágar MacConkey: utilizado para bactérias gram-ve. Contém peptona, lactose, ágar, vermelho neutro e teurocolato.

- Ágar de eosina azul de metileno para fermentação da lactose.

- Ágar salino de manitol: para seleccionar bactérias estafilococos para a fermentação do manitol

- Caldo Selenite F - isolamento de Shigella, Salmonella.

- Caldo de tetrathionate: inibe os coliformes

- Sal biliar ou corantes como fucshin básico e violetas de cristal; favorece o crescimento de gramas-ve, e depois inhbits as bactérias gramas+ve

- Saboraud dextrose ágar (SDA): para fungos

- Deficiente electrolítico de lactose de cisteína (CLED) - para agentes patogénicos do tracto urinário

- Meio citrato de desoxicolato para *bacilos dis*enterios

- Ágar cetrimida: utilizado para isolamento qualitativo e identificação de *Pseudomonas aeruginosa* em amostras de H_2O (0,1m). As colónias apresentam-se com um pigmento amarelo a verde

- Xilose lisina Deoxicolote (XLD): para identificação Q1 de *Salmonella* sp. a partir de amostras de alimentos. É aquecida em banho H2O mas não autoclavada.
- Ágar-ágar de sacarose de lactose verde brilhante de fenol vermelho: utilizado para teste de confirmação de *Salmonella* sp. cor-de-rosa a vermelha.

3) **Meios de comunicação diferenciados**: são aqueles que distinguem entre diferentes grupos de micróbios numa cultura e até permitem uma tentativa de identificação dos micróbios com base nas características biológicas, por exemplo.

- Mac-Conkey agar: utilizado para diferenciar entre fermentações de lactose e fermentadores não-lactose, utilizado para identificar mos intestinal humano como um teste para a contaminação fecal.

- Ágar coliforme de Chormocult (CCA) utilizado para a identificação de *Escherichia coli* e outros coliformes fracos (fermentadores de lactose) em alimentos e água, sem necessidade de autoclavagem. Cor: rosa (coliforme) enquanto azul escuro-violeta(E.coli)

- Placas X-gal: são diferenciais para mutantes lac-operon.

- O meio Granada é selectivo e diferencial para *Streptococcus agalactiae* (Streptococcus grupo B) que cresce como colónias vermelhas distintivas neste meio.

- Caldo biliar verde brilhante: usado como teste de confirmação para *E. coli.* Cor: verde a amarelo. Observa-se a produção de gás no tubo de duração invertida.

- O ágar sangue é tanto um meio diferencial como um meio de enriquecimento. Distingue entre bactérias hemolíticas e não hemolíticas. (Utilizado em testes de *estreptococos*) contém sangue do coração do corpo que se torna transparente na presença de *estreptococos* hemolíticos.

4) **Meios de enriquecimento**: estes são meios especialmente fortificados com sangue, ovos, soro e outros nutrientes especiais, talvez adicionados aos meios gerais/baseal. Isto é especialmente para apoiar o crescimento de organismos fastidiosos e bactérias que são exigentes nas suas necessidades nutricionais. Por exemplo
   - ágar sangue
   - ágar de chocolate
   - caldo de selenita para isolamento de *Salmonella* e *Shigella*
   - águapeptone para a multiplicação rápida da *cólera Vibrio*

5) **Meios de transporte**: é utilizado para transportar as amostras porque as moscadas delicadas podem não sobreviver ao tempo necessário para o transporte da amostra.
   - Por exemplo, meio Stuart: gel de ágar mole não nutritivo contendo um agente redutor para evitar a oxidação e carvão vegetal para neutralizar para os *gonococos*.
   - Caldo de tioglicolato: é para anbaerobes estritos
   - Meio Venkataraman Remakrishna (VR) emitido para *V. chlorae.*
   - Glicerina salina tamponada: bacilos entéricos
   Contém apenas tampão e sal, falta de carbono, azoto e factores de crescimento orgânicos. de modo a evitar a multiplicação microbiana, por exemplo, CaryBlair e Amies media.

6) **Meios de armazenamento:** utilizados para armazenar mos temporariamente para evitar contaminação e manter a viabilidade de mos no espécime sem alterar a sua concentração durante o transporte. por exemplo, o caldo de glicerol contém apenas tampão e sais.

7) **Meios anaeróbios:** utilizados para o cultivo de mos. por exemplo, meio de tioglicolato e meio de carne cozida de

Robertson.

8) **Meio de açúcar:** utilizado para a detecção de gás pela bactéria num pequeno tubo (Contendo qualquer substância fermentável, por exemplo glicose, lactose, amido, consiste em 1% de açúcar em água peptona + indicador.

9) **Meios indicadores** : contém um indicador que muda de cor quando uma bactéria cresce neles
- Por exemplo, o meio Wilson-Blair, *(S. typhi)* é inoculado em cargas negras.
- Mcleod's medium (telúrio de potássio) - *Bacilos de difteria.*

Necessidade de meios de cultura
- População mista de bactérias na natureza
- Por procedimentos apropriados têm de ser cultivados separadamente (isoladamente) em meios de cultura e obter cultura pura para estudo
- Meio que fornece nutrientes e apoia o crescimento do MOS.

1.2 Métodos de Cultivo ou Enumeração

Métodos culturais:

Os métodos culturais utilizados dependem do fim a que se destinam. Tais como
- Para isolar as bactérias em culturas puras
- Para demonstrar as suas propriedades
- Para obter crescimento suficiente para a preparação de antigénios e para outros testes.
- Para bacteriófagos e susceptibilidade bactericum
- Para determinar a sensibilidade aos antibióticos
- Para estimar contagens viáveis
- Manter as culturas de gado

Isolamento

O isolamento é a separação de uma estirpe de um ambiente natural de população mista e mista de MOS, utilizando as técnicas de cultura pura de laboratório.

Métodos de isolamento

1. Streaking
2. Chapa ou prato de verter
3. Diluição
4. Procedimento enriquecido
5. Técnica de célula única

1. **Atrapalhando:** As técnicas consistem em verter um meio estéril adequado em placa de Petri estéril para solidificar e uma pequena quantidade de amostras é espalhada para trás e para a frente através da superfície do ágar até que cerca de 1/3 do diâmetro da placa seja coberto. É o método de isolamento mais amplamente utilizado.

2. **Revestimento:** Envolve a diluição da amostra, depois é colocada uma pequena quantidade numa placa de Petri estéril, depois é vertido um meio de ágar derretido de cerca de 45° C na placa, ambos estão bem misturados. Quando o ágar é solidificado, a bactéria individual é mantida no lugar e cresce até se tornar uma colónia viável.

3. **Diluição:** Este método é utilizado para MOS que não pode ser facilmente isolado por estrias ou método de revestimento. Por isso, 1 ml da amostra é levado para um tubo contendo 9 ml é transferido com uma pipeta esterilizada para um segundo tubo de água esterilizada e o procedimento é repetido até que uma série de cerca de 10 tubos sejam inoculados. As possibilidades de cultura pura serão obtidas a partir da mistura de MOS.

4. **Procedimento de enriquecimento:** Este procedimento envolve a utilização de meios e condições de cultivo que favorecem o crescimento da espécie desejada, ao mesmo tempo que inibem o crescimento de outros MOS.

5. **Técnicas únicas:** uma suspensão da cultura pura é colocada na parte inferior de uma cobertura de vidro estéril montada sobre uma câmara húmida no palco do microscópio, enquanto se observa através do microscópio, uma única célula é removida com a ajuda de uma micropipeta estéril e transferida para uma pequena gota de meio estéril numa lâmina suspensa estéril, que é depois incubada à temperatura adequada. Se a única célula germinar nesta gota, as células são transferidas para um tubo contendo meio de cultura estéril que é colocado na incubadora para obter cultura pura originada a partir de uma única célula.

1.4 Esterilização dos meios de comunicação e sua importância

- ➤ Num laboratório, os meios de cultura são contidos com vidro ou silicone, placas de petri e tubos de ensaio, garrafas com tampa de rosca e frascos, barras agitadoras magnéticas, tubos de silicone.

Onde nas indústrias, os meios de comunicação estão contidos num barril, tambores, tanques,

- ➤ Esterilização dos meios de cultura, Antes de serem utilizados os meios de cultura estão todos a ser rotulados, devidamente selados com fecho de plástico ou tampados com lã de algodão e esterilizados. Os meios de cultura são esterilizados em autoclave (esterilização a vapor) a 15psi *(libras de pressão)* a 121° C durante 30min.
- ➤ É também importante assegurar-se de que os recipientes não estão cheios à sua capacidade, caso contrário podem ferver na autoclave ou o recipiente pode rachar ou partir-se. Antes de serem utilizados, todos os contentores devem ser rotulados com :

-o tipo de meios de cultura que eles contêm.

-Data, quando os meios de cultura foram preparados

-Iniciais da pessoa que os preparou.

Mais importante ainda, a placa de Pettri deve ser lida na placa inferior, nunca na tampa.

> Esterilização de artigos de vidro: artigos de vidro (placas de petri, frascos, tubo de cultura, frascos, pipetas e instrumentos metálicos são esterilizados num forno de ar quente a 160 - 180^0 C durante 2 - 4 horas.

> Esterilização dos instrumentos: Os instrumentos metálicos, por exemplo, fórceps, bisturis, agulhas, espátulas, etc. são esterilizados por chama, ou seja, mergulhando-os em 75% de etanol seguido de chama e arrefecimento (incineração).

> Esterilização da sala de cultura & área de transferência: O chão e a mesa são 1st lavados com detergente e depois 2% de hipochlomte de sódio ou 95% de etanol. A área de superfície da lager é esterilizada por exposição à luz UV.

O gabinete de fluxo de ar laminar também é esterilizado expondo a luz UV durante 30min & 95% de etanol 15 minutos antes de começar a trabalhar. A radiação UV é prejudicial para os olhos e a pele.

A maior diferença entre a esterilização dos meios de comunicação em laboratório e na indústria é a escala muito maior dos primeiros. No laboratório, um litro de meio necessitaria provavelmente de dez minutos para atingir a temperatura de esterilização 15 min. a 121^0 C, depois outros 10 - 15 min., perfazendo um total de 40 - 45 min. enquanto um meio de 10.000 litros o período equivalente pode levar várias horas para cada um dos três períodos.

1.5: Esterilização industrial

Na indústria da fermentação, os contaminantes por MOS indesejados podem colocar sérios problemas devido à grande escala da operação em comparação com o trabalho de laboratório.

A contaminação em microbiologia industrial poderia levar a enormes perdas financeiras para a empresa de fermentação. Imagine na indústria da cerveja quando a bactéria do ácido láctico *Pediococus streptococcus damnosus* contamina o mosto em fermentação, utilizam açúcares presentes no mosto para produzir ácido láctico indesejado que torna a cerveja azeda.

> 0.0. Perdas por MOS lítico como bacteriófagos ou *Bdellovibrio* podem levar à morte do organismo produtor.

> 1.0. O contaminante pode utilizar os componentes da fermentação tanto para produzir produtos finais indesejados, como para alterar o estado ambiental, como o pH ou o potencial de oxidação-redução e, por conseguinte, reduzir o rendimento do produto final. A remoção destes subprodutos através do processo de extracção pode ser dispendiosa e demorada, uma vez que ainda não está estabelecida na fábrica.

A esterilização é o processo pelo qual todas as células vivas, vírus de esporos viáveis e viroides são destruídos ou removidos de um objecto ou habitat. Um objecto estéril é totalmente livre de mos, esporos e outros agentes infecciosos viáveis.

CAPÍTULO 4

ESTERILIZAÇÃO DOS MEIOS E DO AR NECESSÁRIA PARA A FERMENTAÇÃO MICROBIANA

Dra. Constance Chinyere Ezemba, Obi Chisom Perpetua e Ezemba Arinze Steve.

INSTITUIÇÃO DE CONFIANÇA:

departamento de Microbiologia, Chukwuemeka Odumegwu Ojukwu University (COOU) P.M.B 02, Uli, Estado de Anambra, Nigéria.

[2]Departamento de Laboratório de Ciência e Tecnologia,Estado Federal Politécnico Oko.Anambra

Departamento de Microbiologia Aplicada e Cerveja, Universidade Nnamdi Azikiwe Awka, Estado de Anambra, Nigéria.

E-MAIL:* constancechinyere790@gmail.com

Abstrato

A esterilização dos meios e do ar para fermentação microbiana implica a remoção, morte ou destruição de todas as formas de vida, incluindo bactérias, vírus, esporos, fungos e outros microrganismos. Isto é fundamental para assegurar a esterilidade dos meios que contêm a nutrição necessária, a esterilidade do ar que entra e sai, bem como a esterilidade dos biorreactores, e a prevenção da contaminação durante o processo. Isto pode ser conseguido através da esterilização por lotes, em que o meio é esterilizado a 121°C em volumes de lote nos biorreactores, directa ou indirectamente, e esterilização contínua, em que a esterilização é efectuada por um curto período de tempo (30 a 120 segundos) a 140°C. Para evitar a contaminação do processo de fermentação, a esterilização adequada requer uma aeração contínua e vigorosa do ar estéril no biorreator. Diferentes meios, tais como químicos, radiação, físicos e calor, podem ser utilizados para o conseguir. Assim, o método de filtração da esterilização do ar é o mais utilizado nas indústrias para fins de fermentação, nas quais o ar é autorizado a passar através de filtros em vez de dispositivos aquecidos electricamente, o que é relativamente caro. Embora o método de esterilização por calor dos meios seja amplamente utilizado, isto deve-se à qualidade e quantidade de contaminação. Os componentes dos meios, bem como o seu pH e tamanhos de partículas em suspensão, são todos elementos importantes para o sucesso da esterilização. Como resultado, os procedimentos de esterilização química e por radiação são raramente utilizados. **Palavras-chave**: Microorganismos, Esterilização, Ar e Meios de Comunicação.

1.0 Introdução

A esterilização é a eliminação completa ou a aniquilação de todos os microrganismos vivos dentro ou sobre um objecto a ser esterilizado (células vegetativas 60° C 5-10 minutos e esporos 80° C 15-20 minutos). Para conseguir uma fermentação bem sucedida, é necessário assegurar o seguinte:

-Esterilidade dos meios que contêm nutrientes,

-Esterilidade do ar de entrada e de saída

-Esterilidade do biorreator.

- Prevenção da contaminação durante a fermentação (William, 2008).

Quase todos os métodos de fermentação necessitam de abordagens rentáveis a fim de produzir uma cultura livre de contaminação durante todo o processo, do início ao fim. Um biorreator pode ser esterilizado através da eliminação de todas as bactérias utilizando uma substância nociva como o calor, radiação, ou químico, ou através da remoção física do organismo vivo utilizando a filtração (Stanbury, 2017).

Os componentes dos meios de cultura tais como água e recipientes contribuem para a contaminação de microrganismos, seja por esporos ou células vegetativas, pelo que os meios devem estar livres de contaminação antes de serem utilizados para fermentação. Como resultado, para uma fermentação bem sucedida, o ar deve ser estéril e livre de todos os microrganismos e partículas em suspensão (Bansod, 2021). Como resultado, a quantidade de partículas e microrganismos em suspensão no ar exterior varia muito. Como resultado, qualquer que seja o método escolhido de esterilização dos meios e do ar, o procedimento deve ser validado para cada tipo de produto ou material, tanto em termos de garantia de esterilidade como para garantir que não ocorreram alterações prejudiciais no interior do produto. Um produto fermentado não estéril ou degradado pode resultar se um método específico e validado não for devidamente seguido (Stanbury, 2017). Um programa típico de validação para a esterilização a vapor ou calor seco implica correlacionar as medições de temperatura efectuadas com dispositivos sensoriais para demonstrar a penetração e distribuição de calor com a destruição de indicadores biológicos, tais como preparações de microrganismos específicos conhecidos como resistentes ao processo de esterilização (Wells-Bennik, 2019). Os marcadores biológicos são também utilizados para confirmar vários procedimentos de esterilização e para monitorizar ciclos específicos numa base regular. A revalidação deve ser feita numa base regular.

1.1 Os Meios de Fermentação

O meio de fermentação é um tipo de meio utilizado nas indústrias para o cultivo de microrganismos. Deve possuir todos os ingredientes necessários de uma forma utilizável para a produção de compostos celulares e produtos metabólicos. Seguem-se alguns exemplos:

1. **Metabolitos primários** (etanol e ácido cítrico), que são produtos relacionados com o crescimento; a síntese do produto depende directamente do desenvolvimento microbiano, pelo que o meio deve ser propício a um excelente crescimento.

2. **Metabolitos secundários** (antibióticos, alcalóides, giberelinas) que não estão directamente relacionados com o crescimento, bem como as medições do substrato para a formação do produto também devem ser considerados.

Os meios utilizados para o crescimento de microrganismos na fermentação industrial devem conter todos os elementos de forma adequada para a síntese de substâncias celulares, bem como os produtos metabólicos. Durante a concepção de um meio, vários factores devem ser tidos em consideração. O mais importante entre eles é o produto final desejado na fermentação.

Todos os componentes necessários para a criação de compostos celulares, bem como produtos metabólicos, devem estar presentes nos meios utilizados para o cultivo de microrganismos em fermentação industrial. Vários aspectos devem ser tidos em conta na criação de um meio (Sergio, 2008). O mais essencial destes é o produto final desejado para a fermentação.

Como a formação de produtos ligados ao crescimento (metabolitos primários como o etanol e o ácido cítrico) depende directamente do crescimento dos organismos, o meio deve ser propício a um crescimento saudável. Por outro lado, os requisitos do substrato para a produção do produto devem ser considerados para produtos que não estejam directamente ligados ao crescimento (metabolitos secundários, tais como antibióticos, alcalóides e giberelinas).
(Sikander, 2018). Para o cultivo de microrganismos no laboratório, podem ser empregadas substâncias puramente especificadas. Contudo, por razões económicas, os substratos indeterminados e complexos são utilizados rotineiramente em fermentações industriais. Substratos mais baratos são vantajosos, uma vez que reduzem o custo de fabrico de produtos fermentados. (Raj ana, 2020). Os resíduos agrícolas e outros restos da indústria são frequentemente favorecidos, embora a sua composição varie muito. Devido a flutuações sazonais, o custo das matérias-primas utilizadas

na fermentação é fortemente influenciado pelo seu custo no momento. Para uma boa formação do produto, o meio escolhido é extremamente importante. Os microrganismos em geral utilizam um metabolismo de luxo para a fermentação industrial. Com um fornecimento abundante de fontes de carbono e azoto, bem como os ingredientes de crescimento necessários, podem prever-se bons rendimentos de produção (Obi, 2016). Como resultado, os eventuais produtos desejados na fermentação são os aspectos mais importantes a considerar durante a construção de um meio.

A concepção dos meios de cultura está dividida em três etapas, como se mostra abaixo.

PASSO 1: Determinar os nutrientes necessários para o crescimento celular e a geração dos metabolitos alvo combinando todos os elementos não nutritivos (agentes antiespumantes, agentes activos de superfície, tampões).

Os meios selectivos podem ser necessários para inibir o crescimento de microrganismos indesejáveis, promovendo simultaneamente o crescimento dos microrganismos desejados.

PASSO 2: Determinar as origens de tais componentes, com base nas variáveis listadas abaixo, antes de determinar quais os meios a utilizar para um microorganismo específico.

1. Os produtos **residuais de** indústrias, tais como melaço de cana de açúcar e licor de milho de amido, podem ter uma boa relação custo-eficácia.

2. **Disponibilidade Pronta**; se sazonal ou importada, a produção pode ser interrompida, e o armazenamento é dispendioso (por exemplo, mandioca, inhame).

3. **Custos de transporte - quanto** mais próxima a fonte, melhor, supondo que todas as outras condições estão preenchidas.

4. **Facilidade de eliminação do lixo gerado pelas matérias-primas;** alguns lixos são frequentemente considerados benéficos como matérias-primas noutros

negócios, tais como restos de grãos utilizados como alimentação animal pelas cervejeiras. É um processo demorado e dispendioso, com muita regulamentação governamental.

5. Consistência na qualidade da matéria-prima; a sua composição deve ser razoavelmente constante a fim de manter a uniformidade da qualidade do produto acabado, bem como a facilidade de padronização ou consistência para a satisfação e as expectativas do cliente. Como resultado, antes de cada lote de matérias-primas ser utilizado, deve ser avaliado quimicamente para determinar a quantidade de cada nutriente que deve ser fornecida.

6. Presença de precursores importantes para a síntese da vitamina D; como o cobalto em meios de colbalt. Normalmente, o componente fenil nos degraus de milho para penicilina G. Os aminoácidos são frequentemente utilizados para aumentar a produção de metabolitos secundários, quer directa, indirecta ou ambas, como por exemplo, aumentando a quantidade de um metabolito limitador **ou** induzindo uma enzima biossintética.

7. Satisfação das suas necessidades de crescimento e produção; níveis elevados de glicose e fosfato inibem o início de duas fases de crescimento no cultivo industrial descontínuo, tais como a Idiofase (fase de produção) e a Tropofase (fase de crescimento), na produção de uma série de metabolitos secundários de importância industrial, que afectarão negativamente a produção, e outros factores tais como -estabilidade, -pureza,

-fontes de outros componentes dos meios de comunicação social,

-transporte fácil,

-manuseamento

- armazenamento.

PASSO 3: Determinar a concentração exacta de cada componente.

Talvez seja esse o caso que é necessário para a produção de produtos em vez da síntese de biomassa, que pode ser recolhida ou feita por

a. Análise da composição da biomassa celular
b. A análise estequiométrica (crescimento celular, criação de produtos, e abordagens empíricas) é o estudo e determinação das relações quantitativas entre reagentes e produtos nas reacções químicas (Marcel, 2010).

1.2. O meio sintético ou bruto pode ser utilizado em Operações de Fermentação:

Meios sintéticos: podem ser definidos como meios que contêm todos os ingredientes necessários na sua forma mais pura, na proporção desejada.

Meios de comunicação brutos: São meios de comunicação não sintéticos fabricados a partir de fontes naturais.

-Os meios sintéticos em fermentação não são viáveis devido ao custo; contudo, substâncias puras especificadas podem ser utilizadas no laboratório para o cultivo de microrganismos. Assim, substratos mais baratos, tais como resíduos de matérias-primas que são baratos, amplamente disponíveis, e quimicamente consistentes, são favoráveis uma vez que reduzem o custo de produção do produto fermentado, A utilização de substitutos locais sempre que possível poupa dinheiro no transporte e até cria empregos para a comunidade local (Sergio, 2012). Os resíduos provenientes da agricultura e de produtos de outras indústrias são geralmente preferidos, embora a sua composição seja altamente variável. As matérias-primas utilizadas na fermentação dependem em grande parte do custo num determinado momento, uma vez que existem variações sazonais.

Numa indústria onde os microrganismos em geral utilizam um metabolismo de luxo, o meio escolhido é importante para o sucesso da produção de produtos. Na prática, o meio bruto com a inclusão de ingredientes sintéticos essenciais é excelente para uma elevada produção de produtos e um fornecimento abundante de fontes de carbono, azoto e factores de crescimento para fermentação industrial (Sergio, 2012).

O substrato mais frequentemente utilizado para fermentação industrial com especial referência ao fornecimento de fontes de carbono e azoto e factores de crescimento são os seguintes

1.3. Substratos utilizados como fontes de carbono:

Os hidratos de carbono são a fonte de energia mais comum no sector da fermentação. Por razões económicas, os hidratos de carbono refinados e puros como a glucose ou a sacarose são raramente utilizados (Kiro, 2010).

-Molasses:

O melaço é um resíduo da indústria açucareira que é uma das fontes mais baratas de hidratos de carbono. O arroz em compostos de azoto doce, vitaminas, e oligoelementos são frequentemente utilizados. O melaço de cana de açúcar (sacarose cerca de 48 por cento) e o melaço de beterraba sacarina (sacarose cerca de 33 por cento) são normalmente utilizados. O melaço também contém compostos azotados, vitaminas e oligoelementos para além do açúcar. A composição do melaço varia, e é largamente determinada pelas condições climáticas e pelo processo de fabrico. O subproduto da síntese da glucose do milho, melaço hidrolizado, é também utilizado como substrato de fermentação (Bansod, 2021).

-Rice:

O arroz em substâncias azotadas açucaradas, vitaminas e oligoelementos são normalmente utilizados.

-Corn licor íngreme:

O Corn Steep Liquor é um subproduto da produção de amido de

milho.

-Extracto de sal:

O extracto de malte é um extracto à base de água de cevada maltada que compreende cerca de 80% de hidratos de carbono (glucose, frutose, sacarose e maltose). As proteínas, peptídeos, aminoácidos, purinas e pirimidinas representam cerca de 4,5% do composto azotado.

-Celulose, dextrina, e amido:

Os microrganismos podem metabolizar polissacarídeos tais como, dextrina de celulose, e amido. São amplamente utilizados no fabrico de álcool no sector industrial. A utilização da celulose para a produção de álcool é intensamente explorada devido à sua vasta disponibilidade e baixo custo (Singh, 2019).

-Whey

O soro de leite é um subproduto da indústria leiteira que é gerado em todo o mundo. Os seres humanos e os animais consomem a maior parte dele. O soro de leite é uma boa fonte de carbono para a produção de etanol, proteína unicelular, vitamina B12, ácido láctico, e ácido giberélico. O armazenamento do soro de leite é uma barreira à sua ampla utilização no sector da fermentação (Bansod, 2021).

-Metanol e etanol

Alguns micróbios têm a capacidade de utilizar metanol e/ou etanol como fonte de carbono. O metanol é o substrato de fermentação mais barato. Contudo, apenas algumas bactérias e leveduras podem utilizá-lo (Matuszewska, 2016). O metanol é um ingrediente comum na síntese de proteínas unicelulares. O etanol é bastante dispendioso. No entanto, é actualmente utilizado no fabrico de ácido acético.

-Factores de crescimento

São micróbios que não são capazes de sintetizar nutrientes tais como vitaminas, minerais (fosfato, sulfato), pelo que estão a ser suplementados.

1.3.   Substratos utilizados como fontes de nitrogénio:

As bactérias de fermentação podem obter azoto tanto de fontes inorgânicas como orgânicas (Costa *et al,2002)*.

➢ **As fontes de azoto inorgânico incluem:**

Fontes inorgânicas de azoto, tais como sais de amónio e amoníaco livre, são muito baratas nos países industrializados. Contudo, nem todas as bactérias as podem utilizar, pelo que a sua aplicação é limitada ou restrita.

➢ **As fontes de nitrogénio orgânico incluem:**

A ureia é uma fonte de azoto de alguma forma boa. Outras fontes de azoto orgânico, menos dispendiosas, são preferidas.

-Líquido de nascente:

Isto é produzido quando o milho é utilizado para fazer amido. O licor íngreme de milho é elevado em azoto (aproximadamente 4%), e os micróbios utilizam-no de forma bastante eficiente. É rico numa variedade de aminoácidos (alanina, valina, metionina, arginina, treonina, glutamato).

-Extractos de leveduras:

São ricos em aminoácidos, peptídeos e vitaminas e contêm cerca de 8% de azoto. A glicose produzida durante a extracção de leveduras a partir de glicogénio e trealose é uma fonte de carbono útil (Singh, 2019). A autólise (a 50-55°C) ou plasmólise é utilizada para obter extractos de levedura de panificação (alta concentração de NaCl). Muitos microrganismos industrialmente importantes podem ser encontrados em extractos de levedura.

-Farinha de soja;

A farinha de soja é o resíduo restante após a extracção do óleo de soja das sementes de feijão de soja. Tem um elevado nível proteico (cerca de 50%), bem como um elevado teor de hidratos de carbono (cerca de 30%). Os antibióticos são frequentemente produzidos a partir da farinha de soja.

-Peptones:

Os hidrolisados de proteínas são referidos como peptonas colectivamente, e são uma boa fonte de nutrientes para muitas bactérias (Bansod, 2021). Carne, farinha de soja, sementes de amendoim, sementes de algodão, e sementes de girassol são todas fontes de peptonas.

Caseína, gelatina e queratina são todas proteínas que podem ser hidrolisadas para produzir peptonas. As peptonas geradas a partir de fontes animais têm um nível de azoto mais elevado, enquanto que as obtidas a partir de plantas têm um teor de hidratos de carbono mais elevado (Costa, 2002). As peptonas encontram-se na farinha de soja, sementes de amendoim, algodão, e sementes de girassol, entre outras plantas. Enquanto as fontes animais incluem, a caseína de carne, gelatina, e queratina são hidrolisadas para produzir peptonas, as peptonas são relativamente mais caras, não sendo por isso muito utilizadas nas indústrias.

ESTERILIZAÇÃO DOS MEIOS DE COMUNICAÇÃO 2.0

2.1 Esterilização dos Meios de Cultura

Os componentes dos meios de cultura, água, e recipientes contribuem todos para a contaminação das células vegetativas e esporos. Antes da utilização em fermentação, os meios de cultura devem estar livres de contaminação (Marcel *et al,* 2010). O calor é o meio de esterilização mais prevalecente; contudo, outros métodos são utilizados em menor escala (métodos físicos, tratamento químico, e radiação).

1. Esterilização por calor:

Ebulição >100°C durante 20-50 minutos, Autoclavagem; 121°C durante 15-20 minutos, Calor seco; 160°C durante 2 horas ou 170°C durante 1 hora são todos viáveis. O calor é o método de esterilização mais amplamente utilizado, particularmente vapor saturado sob pressão (Autoclave) ou esterilização por ar quente, que são tanto tradicionais como fiáveis. Os endosporos bacterianos são os mais resistentes a termos de todas as células, pelo que a sua destruição assegura geralmente a esterilidade. O sucesso da esterilização térmica é influenciado pela qualidade e quantidade de contaminação (ou seja, o tipo e carga de microorganismos), a composição dos meios e o seu pH, e o tamanho das partículas em suspensão. As células vegetativas são geralmente mortas num curto espaço de tempo a uma temperatura mais baixa (cerca de 60°C em 5-10 minutos) (Sridhar, 2021). A eliminação de esporos, por outro lado, requer uma maior temperatura e uma maior duração (cerca de 80°C durante 1520 minutos). Os esporos mais resistentes ao calor são os de *Geobacillus stearothermophilus* (Wells-Bennik, 2019). Esta bactéria é efectivamente utilizada para verificar a esterilidade do equipamento de fermentação. Estes marcadores biológicos, que vêm sob a forma de esporos em frascos de vidro com meios líquidos ou esporos em tiras de papel dentro de envelopes de glassine, são colocados em locais onde o vapor é de difícil acesso para assegurar que o vapor penetra.

-Mecanismo.

A esterilização térmica/calor explora a responsabilidade térmica de um microrganismo para evitar o seu crescimento. Os micróbios são mortos pelo calor porque as suas enzimas e proteínas são desnaturadas (Sridhar, 2021).

Os microrganismos são mortos pelo calor húmido porque as proteínas coagulam e são destruídas. Depois a esterilização, seguida de um arrefecimento durante 1-2 horas, seguido de mais 20-60 minutos para o procedimento de esterilização propriamente dito (William, 2008).

Industrialmente

Num biorreator, os meios de autoclave são esterilizados a 121°C em quantidades descontínuas e 140°C em esterilização contínua. O conteúdo do biorreator demora algumas horas (2-4 horas) a atingir a temperatura requerida (120° C). Mais 20-60 minutos para o processo de esterilização propriamente dito (Sridhar, 2021).

-Esterilização por lotes:

O vapor pode ser injectado nas bobinas internas de um esterilizador de lote (abordagem indirecta). Os meios de cultura são esterilizados em lotes a 121 graus Celsius. É bastante caro, e desperdiça muita energia (Jha, 2021).

- Esterilização contínua:

A esterilização contínua é realizada através da infusão de vapor directamente no sistema ou através de um permutador de calor. Em ambos os casos, a temperatura é rapidamente aumentada para 140°C e mantida durante 30 a 120 segundos (2minutos). Três tipos de permutadores de calor são utilizados no processo de esterilização contínua: o primeiro permutador de calor eleva a temperatura de 90 a 120 graus Celsius durante 20 a 30 segundos.

O segundo permutador de calor aumenta a temperatura para 140 graus Celsius e mantém-na lá durante 30 a 120 segundos.

O terceiro permutador de calor arrefece o sistema nos próximos 20-30 segundos, baixando a temperatura.

Devido às várias etapas envolvidas na esterilização contínua, tais como permutador, aquecedor, unidade de manutenção de calor, recuperação de calor residual, refrigeração e fermentador, cerca de 80 a 90 por cento da energia é conservada. Embora um único

100ml demore 12 minutos a atingir 121 quando colocado numa caixa com outras garrafas, demora 19 minutos a atingir 121 quando colocado no centro de caixas empilhadas (Jha, 2021).
Os nutrientes são destruídos quando meios complexos contendo peptídeos, hidratos de carbono, minerais, e metais são aquecidos. A desnaturação de substâncias químicas lácticas de calor, tais como vitaminas e antibióticos, ocorre como resultado de uma quebra directa do calor ou de uma reacção entre componentes médios.

Como resultado, é fundamental optimizar o processo de aquecimento como um todo, reconhecendo que os procedimentos de curta duração e alta temperatura são mais fatais para os microrganismos e menos prejudiciais quimicamente do que os processos de longa duração e baixa temperatura. Por exemplo, 3 minutos a 134 graus é superior a 20 minutos a 115 graus e 10 minutos a 126 graus.

Meios de esterilização em garrafas de vidro em volumes (ml) e períodos (minutos), como por exemplo;
19 minutos por 100ml
18 minutos por 500ml
27 minutos a 121°C durante 2 litros
e 37 minutos a 121°C para 5 litros (5000ml)

Para evitar o sobreaquecimento das unidades de grande volume, os tempos de "aquecimento" e "arrefecimento" são normalmente incorporados dentro do tempo de espera 121oc. Como os autoclaves variam no desempenho, as experiências com termopares utilizando diferentes quantidades de meios devem ser realizadas para avaliar os tempos de aquecimento e arrefecimento (Sridhar, 2021).

Há quatro fases no processo de esterilização:

O tempo de aquecimento da câmara é medido com uma sonda de gravação colocada no valor de descarga de ar encontrado na base da câmara.

Fase 1: O tempo de aquecimento da câmara (20-120 graus Celsius) é medido com uma sonda de gravação posicionada no valor da descarga de ar localizada na base da câmara.

Fase 2: O tempo de penetração do calor dos recipientes médios é medido com termopares no centro do recipiente mais interno a temperaturas que variam entre 100 e 121 graus Celsius.

Fase 3: O tempo de espera à temperatura especificada é de 121° C- 121° C (Stanbury, 2017).

Apresentam-se a seguir os tempos de retenção recomendados:

Temperature(°C)	121	126	134
Time (minutes)	20	10	3

Entre os factores importantes que influenciam o sucesso da esterilização por calor, incluem-se os seguintes;

> ➢ **A qualidade e a quantidade de contaminação** são dois critérios importantes que determinam o sucesso da esterilização térmica (a extensão da carga e o tipo de qualquer contaminação)

a. A natureza dos bens, ou seja, o conteúdo dos meios de comunicação das substâncias lábeis térmicas
b. O tamanho da partícula da matéria em suspensão
c. O nível de pH dos meios de comunicação
d. As condições em que o produto final foi criado.

É necessário seguir as directrizes para uma excelente prática de fabrico. Qualquer que seja o método de esterilização escolhido, deve ser validado para cada tipo de produto ou material, tanto em termos de garantia de esterilidade como em termos de custo, para garantir que não ocorreram alterações negativas no interior do produto. O não cumprimento de um procedimento declarado e comprovado à letra poderia resultar num produto contaminado ou deteriorado (Jha, 2021).

2. **Filtração;**

Este é o método mais amplamente e mais frequentemente utilizado para a esterilização de culturas de células animais. Certos componentes dos meios de cultura (vitaminas, componentes sanguíneos, antibióticos) são lábil de calor e, portanto, destruídos pela esterilização por calor; estes componentes do meio são totalmente dissolvidos e depois filtrados e esterilizados. Serão removidos juntamente com germes se não forem completamente dissolvidos (Sridhar, 2021).

Note-se que a esterilização do ar por filtração é o método mais prevalecente, mas a esterilização do ar por calor já não é utilizada devido ao seu elevado custo.

3. **Radiação;**

A esterilização é mais comummente utilizada em artigos secos como instrumentos cirúrgicos e produtos farmacêuticos.

Existem dois tipos de radiação:

a. Radiação ionizante
b. Radiação Não Ionizante

Esterilização por Irradiação;

A radiação gama é frequentemente utilizada para desinfectar meios de placas utilizados em salas limpas (radiação ionizante). Quando fornecidos para a área de teste de esterilidade, os meios engarrafados, tais como os utilizados para testes de esterilidade, podem ser irradiados. As radiações de alta energia libertadas por certos isótopos radioactivos são conhecidas como radiação gama. A radiação gama tem um alto poder de penetração e um impacto microbicida severo, atingindo componentes de células microbianas críticas como o ADN e produzindo ionização, resultando na morte de células microbianas. (Jha, 2021).

Para destruir microrganismos, a dose de radiação deve ser escolhida para ser suficientemente elevada. Os microrganismos, ao contrário dos organismos mais complexos, podem regenerar a partir de uma única célula sobrevivente; além disso, as células individuais de algumas espécies microbianas são altamente resistentes aos efeitos letais da radiação, excedendo a resistência de outras espécies biológicas por ordens de magnitude (tais como *Deinococcus radiodura)* (anteriormente *micrococcus radiodurans)* (William, 2008). Como resultado, as doses de radiação muito superiores às mortíferas para os animais devem ser utilizadas para assegurar que não restam organismos viáveis para repovoar. O método mais comum de irradiação gama para meios de comunicação é empregar o Cobalto-60 como fonte de radiação. Para meios de cultura preparados, uma dose de 15 a 25 KGy é normalmente suficiente, enquanto alguns fabricantes utilizaram doses tão altas como 40 KGy para pós fritos. Ao contrário da esterilização a vapor, o método de cálculo da dose baseia-se na determinação da sensibilidade à radiação da biomassa do meio (aqui não são utilizados indicadores biológicos resistentes à radiação). Após determinar a sensibilidade a uma dose baixa de radiação e quantificar a biomassa média, é utilizada uma dose maior estatisticamente calculada para dar a margem de segurança necessária para garantir a esterilidade. Após uma avaliação inicial, a dosagem gama é medida em cada lote utilizando DOSIMETERS, que permitem a libertação paramétrica (Jha, 2021).

Doses de radiação elevadas ou demasiado baixas podem alterar o pH de certos meios, resultando num amolecimento do material (o resultado da degradação parcial das estruturas poliméricas à distância). Outros meios, tais como MacConkey what e CLED (Cysteine Lactose Electrolyte Deficient) requerem aditivos para os tornar esterilizáveis por radiação, tais como a adição de tioglicolato de sódio como radioprotector ao MacConkey what e CLED (Cysteine Lactose Electrolyte Deficient) meios (O meio mais recente é utilizado em Microbiologia clínica para rastreio de infecções do tracto urinário).

No entanto, deve-se ter cuidado ao escolher a dose e o tempo de irradiação de modo a não destruir os produtos químicos nos meios de comunicação social e torná-los inúteis. É vital olhar para as qualidades promotoras de crescimento do meio, tanto antes como depois da irradiação, ao determinar a dose que é necessária. A luz ultravioleta, que é mais comummente utilizada para meios de cultura celular, é uma alternativa à radiação gama. Segundo o yen e colegas, o método de acção da luz UV é não térmico e não adulterante (Marcel, 2010). Comprimentos de onda de cerca de 2650 nm Têm assim a melhor eficácia bactericida onde os ácidos nucleicos absorvem a luz mais ultravioleta, resultando na criação de dímeros de pirimidina que limitam a replicação microbiana do ADN. No entanto, como a luz ultravioleta tem um baixo poder de penetração, nem sempre é apropriada. Uma segunda área é a radiação de feixe de electrões, que é utilizada quando o processo de esterilização gama demora demasiado tempo ou provoca a degradação de alguns componentes dos meios (Stanbury, 2017).

4. Esterilização química;

Os esterilizantes são gases ou líquidos que são utilizados para esterilizar, pasteurizar, ou desinfectar materiais susceptíveis a outros métodos tais como radiação (gama, feixe de electrões, raio-X), calor (húmido e seco), ou outros químicos (Sridhar, 2021). Funciona com uma vasta gama de materiais.

a. O dióxido de azoto (NO_2) é um gás esterilizante que pode ser utilizado para matar uma grande variedade de microrganismos, incluindo bactérias, vírus, e esporos comuns.

b. Ozono - É um desinfectante para superfícies e é utilizado em ambientes industriais para higienizar a água e o ar.

Tem a vantagem de ser capaz de oxidar a grande maioria dos

materiais orgânicos. No entanto, por ser um gás venenoso e instável que deve ser fabricado no local, é impróprio para muitas aplicações.

c. Glutaraldeído e formaldeído - Estas soluções (também conhecidas como fixadores) são agentes esterilizantes líquidos aceitáveis se o tempo de imersão for suficientemente longo.

d. Peróxido de hidrogénio - Outro agente esterilizante químico é o peróxido de hidrogénio, que vem em duas formas: peróxido de hidrogénio líquido e vaporizado (VHP). O peróxido de hidrogénio é um poderoso oxidante que pode matar um largo espectro de agentes patogénicos.

e. Óxido de etileno: Este é o químico mais comum utilizado para esterilizar, pasteurizar ou desinfectar artigos sensíveis ao processamento com outros métodos, tais como

radiação (gama, feixe de electrões, raio-X), calor (húmido e seco), ou outros produtos químicos. Tem uma vasta gama de compatibilidade de materiais.

O calor e a filtração são as tecnologias de esterilização mais frequentemente utilizadas na indústria. A filtração e a esterilização por calor são por vezes utilizadas em tandem ou em combinação. Por exemplo, a água utilizada para preparar os meios é filtrada, enquanto a solução de nutrientes concentrados é esterilizada por calor. A água é agora adicionada para diluir adequadamente o meio.

Os métodos químicos (desinfectantes) e procedimentos de radiação (raios U.V., y-gamma) são ambos utilizados, mas não são vulgarmente utilizados.

5.   Métodos físicos:

Filtração, centrifugação e adsorção (para permutadores de iões ou carvão activado) são alguns dos processos físicos utilizados. A filtração é o processo mais utilizado. A esterilização por calor destrói certos componentes dos meios de cultura (vitaminas, componentes sanguíneos, antibióticos), porque são lábios de calor. Tais componentes dos meios são totalmente dissolvidos (absolutamente necessários ou então os germes seriam removidos) e depois submetidos à esterilização por filtração (Stanbury, 2017).

A abordagem de filtragem tem uma mão cheia de inconvenientes:

1. A filtragem de alta pressão não é adequada para utilização em indústrias.

2. Alguns componentes dos meios de comunicação podem perder-se no processo.

A filtração e a esterilização por calor são por vezes utilizadas em conjunto. Por exemplo, a água utilizada para preparar os meios é filtrada, e a solução concentrada de nutrientes é esterilizada por calor. A água filtrada é agora adicionada ao meio para uma diluição adequada. Para a esterilização do meio, métodos químicos (utilizando desinfectantes) e processos de radiação (utilizando raios UV, raios y e raios X) não são amplamente utilizados (Bansod, 2021).

6. Esterilização por lotes;

Esterilização por lotes: No biorreator, os meios de cultura são esterilizados em volumes de lote a 121 °C. O vapor pode ser injectado directamente no meio (abordagem directa) ou nas bobinas internas (método indirecto) para esterilização por lotes (método indirecto). O vapor deve ser puro e livre de todas as adições químicas para esterilização directa do lote (que normalmente provêm do processo de fabrico a vapor).

A esterilização por lotes tem dois grandes inconvenientes:

1. Efeitos negativos ou danos nos meios de cultura:

Alterações ou Alteração nos nutrientes, pH, e descoloração dos meios de cultura são todos típicos.

2. Uso excessivo de energia:

O conteúdo total do biorreator precisa de algumas horas (2-4 horas) para atingir a temperatura requerida (120°C). O verdadeiro procedimento de esterilização levará mais 20-60 minutos, seguido de um período de arrefecimento de 1-2 horas. Como todo este procedimento desperdiça energia, a esterilização por lotes é altamente dispendiosa (Jha, 2021).

7. Esterilização contínua:

A esterilização contínua tem lugar a uma temperatura de 140°C durante 30 a 120 segundos. (Isto contrasta com a fermentação em lote, que leva 20-60 minutos a 121°C). Isto baseia-se na ideia de que a temperaturas mais elevadas, o tempo necessário para destruir micróbios é substancialmente menor. A esterilização contínua é efectuada por injecção directa do vapor ou por meio de permutadores de calor.

A esterilização contínua é realizada através da infusão de vapor directamente no sistema ou através de permutadores de calor.

Em ambos os casos, a temperatura é rapidamente aumentada para 140°C e mantida durante 30-120 segundos. Permutador, aquecedor, unidade de manutenção de calor, recuperação de calor residual, arrefecimento, e fermentador são as várias etapas. Três tipos de permutadores de calor são utilizados no processo de esterilização contínua. Dentro de 20-30 segundos, o primeiro permutador de calor aumenta a temperatura para 90-1 20°C. O segundo permutador aumenta a temperatura para 140°C e mantém-na lá por mais 30-120 segundos. O terceiro permutador de calor arrefece o sistema nos 20-30 segundos seguintes, baixando a temperatura. O tempo de esterilização é baseado no tamanho das partículas em suspensão.

Quanto maior for o objecto, mais tempo demorará a completar (Stanbury, 2017). O principal benefício da esterilização contínua é que poupa cerca de 80-90 por cento da energia. Contudo, devido a variações de temperatura extremamente significativas que ocorrem num tempo relativamente curto entre a esterilização e o arrefecimento, certos produtos químicos no meio precipitam (por exemplo, fosfato de cálcio, oxalato de cálcio). A esterilização contínua torna viscosos os meios de cultura contendo amido, pelo que não é utilizada (Jha, 2021).

8. Esterilização do ar:

As fermentações industriais são normalmente realizadas com um arejamento intenso e constante. O ar deve ser totalmente estéril e livre de quaisquer microrganismos e partículas em suspensão para uma fermentação bem sucedida. A quantidade de partículas e microrganismos em suspensão no ar ambiente exterior varia muito. Os microorganismos podem ser encontrados em concentrações de 10-2,000/m3, enquanto as partículas em suspensão podem ser encontradas em concentrações de 20-100,00/m3. Esporos fúngicos (50%) e bactérias Gram-negativas (40%) são os microrganismos mais comuns encontrados no ar. Filtração, calor, radiação UV, e depuração de gases podem ser todos utilizados para esterilizar o ar ou outros gases. O calor e a filtração são os métodos mais frequentemente utilizados (Jha, 2021).

(a) Esterilização por calor do ar: No início, o ar era higienizado passando-o sobre dispositivos aquecidos electricamente. No entanto, por ser bastante dispendioso, já não está a ser utilizado.

(b) Esterilização do ar por filtração

Na indústria da fermentação, a filtração do ar é o método de esterilização mais frequentemente utilizado.

9. Filtros de profundidade:

As partículas são capturadas e removidas à medida que o ar passa através da lã de vidro contendo filtros de profundidade, Efeitos físicos tais como inércia, bloqueio, gravidade, atracção electrostática, e difusão são utilizados neste processo de filtração. Os filtros feitos de lã de vidro podem ser esterilizados a vapor e reutilizados. No entanto, como a lã de vidro não pode ser reutilizada, há um limite de quantas vezes podem ser utilizados Cartuchos de filtros de fibra de vidro (que não têm as limitações dos filtros de lã de vidro) têm sido populares nos últimos anos (Stanbury, 2017).

10. Filtros com Cartuchos de Membrana:
Estes são filtros de membrana plissados construídos de éster de celulose, nylon, ou polisulfona que podem ser removidos. Os filtros de membrana de cartucho são mais pequenos, mais fáceis de utilizar e substituir do que outros tipos de filtros. A desvantagem mais significativa da esterilização do ar é a falta de um filtro capaz de remover bacteriófagos. Os bacteriófagos têm a capacidade de asfixiar a fermentação industrial. Os bacteriófagos, por exemplo, impedem a *Corynebacterium glutamicum* de produzir ácido glutâmico (Jha, 2021).

2.1 INDICADORES BIOLÓGICOS DE ESTERILIZAÇÃO

Um indicador biológico é uma preparação específica de um determinado microrganismo. As bactérias esporeformantes são geralmente reconhecidas como ideais para indicadores biológicos porque, com excepção dos processos de radiação ionizante, são substancialmente mais robustas do que a típica microflora. Um indicador biológico pode ser utilizado para ajudar na qualificação do desempenho do equipamento de esterilização, bem como na criação e implementação de um método de esterilização validado para um artigo específico (Wells- Bennik, 2019).

Tipos de indicadores biológicos

-Moist **Heat;** *Bacillus Geothermophilus* esporos de estirpes adequadas são utilizados no processo de esterilização por calor húmido. Outras bactérias resistentes ao calor que formam esporos, empregadas no desenvolvimento e validação de métodos de esterilização por calor húmido incluem *Clostridium sporogenes* e *Bacillus coagulans* (Stanbury, 2017).

-Calor seco; os esporos *Bacillus subtilis* sp. são por vezes utilizados para confirmar o procedimento de esterilização por calor seco (Tiburski, 2013).

-Radiação ionizante; os esporos de *Bacillus pumilus* têm sido utilizados para monitorizar procedimentos de esterilização por radiação ionizante, embora este seja um método desactualizado. Para estabelecer processos de radiação, têm sido frequentemente adoptadas abordagens para estabelecer doses de radiação que não requerem indicações biológicas. Além disso, certas bactérias bioburvas podem ter uma maior capacidade regenerativa.

- Esterilização com óxido de etileno; Esporos de uma subespécie *Bacillus subtilis* (*Bacillus subtilis* var. *niger)* são frequentemente utilizados para a esterilização com óxido de etileno. Quando 100% de óxido de etileno ou outros sistemas de óxido de etileno e gás portador são utilizados como esterilizantes, o mesmo método indicador biológico é geralmente utilizado (Sridhar, 2021).

2.2 INDICADORES QUÍMICOS DE ESTERILIZAÇÃO

Durante um ciclo de esterilização, são utilizados indicadores químicos para avaliar factores cruciais (tais como tempo, temperatura, ou saturação de vapor). São fixados ao exterior de cada unidade de instrumento ou posicionados no interior (por exemplo, embalagens, bolsas de descascar, recipientes, etc.). Não mostram que a esterilização é eficaz (Van Doornmalen, 2015).

Uma faixa de indicação de vapor é um exemplo de um indicador químico que muda fisicamente quando exposto ao vapor. O indicador químico emprega uma pastilha química que se transforma de uma fase sólida para uma fase líquida quando exposta ao vapor. Quando o material é líquido, ele percorre uma tira de papel e é visível através do vidro do indicador químico (Giulia, 2017).

Uma alteração química é causada por uma ou mais reacções

químicas no segundo tipo de indicador químico. A substância química na tinta indicadora reage com um ou mais dos parâmetros essenciais do processo de esterilização e sofre uma reacção química, alterando e mudando a cor da tinta indicadora para a sua coloração do ponto final (Steris, 2019).

2.3   IMPORTÂNCIA DA ESTERILIZAÇÃO
*ESTERILIZAÇÃO É ESSENCIAL

1. Para limitar o perigo de contaminação do equipamento cirúrgico.

2. Reduzir a quantidade de tempo que os organismos passam a crescer nos meios de cultura

3. Prevenir as doenças através da erradicação de alguns germes

4 - Reduz também as alterações biológicas que ocorrem nos organismos.

Conclusão

A destruição completa de todos os organismos vivos dos meios microbiológicos e do ar necessários para a fermentação microbiana é para assegurar a esterilidade da fermentação. Os diferentes métodos para assegurar a esterilidade são bem explicados, pelo que o mais amplamente utilizado tanto para a esterilização do ar como dos meios é o método de filtração e calor respectivamente, isto porque são mais rentáveis e praticáveis que serão de grande utilidade nas indústrias.

Referências

Bansod, T. A. (2021). Tecnologia de Fermentação. *World Journal of Pharmaceutical Research.*

Costa, E. T. (2002). *The Effect of Nitrogen and Carbon Sources on Growth of the biocontrol agent Pantoea Agglomerans Strain CPA-2.* Cartas em Microbiologia Aplicada.

Eric, K. A. (2011). *Caracterização da Cevada (Hordeum Vulgare) com composição alterada de hidratos de carbono.* Saskatchewan,Saskatoon: Doutoramento em Investigação Submetido ao Departamento de Ciências Fitossanitárias.

Giulia, G. (2017). Os Facts About Steam Chemical Indicators. *Marcos,* número 3.

Jha, N. (2021). *Métodos de esterilização de meios e ar.* https://www.biologydiscussion.com/biotechnology/bioproce ss- tecnologia/métodos para a esterilização dos media e do ar com diagrama/10102.

Kiro, M. (2010, Novembro). Os efeitos de diferentes fontes de carbono na biossíntese de enzimas pectinolíticas por Aspergillus Niger. *Tecnologias Aplicadas e Inovação,* pp. 23 -29.

Marcel, G. a. (2010). Características e Técnicas de Sistemas de Fermentação. *Biotecnologia da Fermentação de Alimentos.*

Matuszewska, A. (2016). *Microorganismos como Fontes Directas e Indirectas de Combustíveis Alternativos.* DOI: 10.5772/62397.

Obi, F. U. (2016). Conceito,produção,utilização e gestão de resíduos agrícolas. *Revista Nigeriana de Tecnologia.*

Rajana, S. P. (2020). Fermentação microbiana e o seu papel na melhoria da qualidade dos alimentos fermentados. *Fermentação de revistas.*

Sérgio, P. (2012). *Matérias-primas para a melhoria dos bioprocessos de fermentação industrial.* Pisa (Itália): Escola de Doutoramento em Biomateriais.

Sergio, S. a. (2008). Regulação metabólica e sobreprodução de metabolitos primários. *Microb Biotechnol,* 283 - 319.

Sikander, A. S. (2018). Estratégias e cinética da Fermentação Industrial para a produção em massa de vários metabolitos primários e secundários a partir de micróbios. *European Journal of Pharmaceutical and Medical research.*

Singh, R. S. (2019). *Enzimas Microbianas.* Índia: https://www.researchgate.net/publication/331137254.

Sridhar, R. P. (2021, 11 de Junho). *Esterilização e Desinfecção.* Recuperado de microrao: https://www.microrao.com/micronotes/sterilization.pdf

Stanbury, P. a. (2017). *Princípios da Tecnologia de Fermentação.*

Steris, H. (2019, 4 de Novembro). Indicadores químicos.

Tiburski, J. (2013). Estudo exaustivo da resistência ao calor dos esporos secos de Bacillus subtilis. *Food and Nutrition,* p. Université de Bourgogne.

Van Doornmalen, J. R. (2015). Seis químicos de classe 6 disponíveis comercialmente.

Wells-Bennik, M. P. (2019). Resistência ao calor de esporos de 18 estirpes de Geobacillus stearothermophilus e Impacto da condição de culto. *International Journal of Food Microbiology,* 161 -172.

William, A. a. (2008). Directrizes para a desinfecção e esterilização Instalações de cuidados de saúde. E.U.A.: Departamento de Saúde e Serviços Humanos.

CAPÍTULO 5

FERMENTAÇÃO, TIPOS DE FERMENTADORES, CONCEPÇÃO E UTILIZAÇÃO DE FERMENTADORES E OPTIMIZAÇÃO DO PROCESSO DE FERMENTAÇÃO.

Dra. Constance Chinyere Ezemba; Ekwegbalu E.A e Ezemba A.S.

1. SISTEMA DE FERMENTAÇÃO INDUSTRIAL; SIGNIFICADO

1. 1. Introdução Conceito:

A fermentação vem do verbo latino **"fevere"**, que significa ferver. Ironicamente, a fermentação é possível sem calor. Tem origem no facto de, logo no início da fermentação do vinho, as bolhas de gás serem libertadas continuamente para a superfície dando a impressão de ebulição.

Tem 3 significados diferentes que podem ser confusos.

A. **Utilização da palavra em Fisiologia Microbiana;** Fermentação é definida como o tipo de metabolismo de uma fonte de carbono em que a energia é gerada por fosforilação de substrato (um dos 3 mecanismos do átomo de fosforilação para gerar ATP a partir de ADP), como por exemplo:

- Nível do Substrato

-Oxidante

-e a fotofosforilação.

E em que as moléculas orgânicas funcionam como o aceitador final de electrões gerados durante o catabolismo.

Nota: Se composto inorgânico, como por exemplo: (Sulfato ou nitrato, e oxigénio) é o aceitador final é chamado Respiração. Respiração é referida como aeróbica se o aceitante final for o oxigénio. E anaeróbica quando se trata de algum outro composto

inorgânico fora do oxigénio, por exemplo sulfato ou nitrato.
***Aceptor final de electrões ou (como aceitadores dos equivalentes de redução).**

Os microrganismos geram ATP usando as respirações. Também utilizam hidratos de carbono (açúcar) para energia e um combustível químico orgânico como a adenosina trifosfato (ATP) fornece essa energia a cada parte de uma célula quando necessário.

A fermentação é semelhante à respiração anaeróbica; do tipo que ocorre quando não há oxigénio suficiente presente.
Dependendo das condições ambientais, as células individuais e os micróbios têm a capacidade de alternar entre os dois modos diferentes de produção de energia.
B. A segunda utilização da palavra é em **microbiologia industrial** que define fermentação como qualquer processo em que os microrganismos são cultivados em grande escala, mesmo que o aceitador final de electrões não seja um composto orgânico (isto é, se o crescimento for realizado em condições aeróbias), por exemplo, as células de levedura *(Saccharomyces cerevisiae)* preferem a fermentação à respiração aeróbia, mesmo quando o oxigénio é abundante.

C. A terceira utilização diz respeito à **microbiologia alimentar** define a fermentação como qualquer processo metabólico em que a actividade do microrganismo cria uma mudança desejável nos alimentos e bebidas, quer seja o aumento do sabor, a preservação dos produtos alimentares, o fornecimento de benefícios para a saúde ou mais.

Aqui os microrganismos determinam a natureza e carácter geral dos alimentos, mas os microrganismos formam apenas uma pequena porção do produto acabado por peso. Alimentos como o vinagre, queijo, pão e iogurte, são alimentos fermentados.

1.2. Três (3) Tipos Distintos de Fermentação

i. **Fermentação ácida láctica**: estirpes de leveduras e bactérias convertem amidos

ou açúcares em ácidos lácticos, não necessitando de calor na preparação. Estas reacções químicas anaeróbias ácido pirúvico utiliza nicotinamida adenina dinucleótido + hidrogénio (NADH) para formar ácido láctico e NAD+. O método faz, pickles, iogurte e pão com massa de sopa.

ii. **Etanol / Fermentação com álcool**: as leveduras quebram as moléculas pirúvas mais abaixo em moléculas de álcool e dióxido de carbono para produzir vinho e cerveja.

NOTA: Moléculas pirovadas do produto final da glicólise ou da saída do metabolismo da glicose ($C_6H_{12}O_6$).

iii. **Fermentação ácida acética**: amidos e açúcares de grãos e frutos fermentam em vinagre de sabor ácido e condimentos. por exemplo, vinagre de cidra de maçã e Kombuchá.

1.3 Fases do Processo Fermentativo

- **Fermentação primária.**
- **Fermentação secundária**

D ependendo no que está a fermentar, o processo pode ter várias fases.

- **Fermentação primária**: nesta breve fase, os micróbios começam rapidamente a trabalhar em ingredientes crus tais como fruta, vegetais ou lacticínios. Por exemplo, leveduras ou outros micróbios convertem carboidratos (açúcares) em outras substâncias, tais como álcoois e ácidos.

Os micróbios presentes ou no líquido circundante (como a salmoura para vegetais fermentados) impedem que as bactérias putrefactoras colonizem, em vez disso, os alimentos.

- **Fermentação secundária**: Nesta fase mais longa da fermentação, que dura vários dias ou mesmo semanas, os níveis de álcool sobem e as leveduras e micróbios morrem e a sua fonte alimentar disponível (os hidratos de carbono) torna-se mais escassa. Os viticultores e cervejeiros utilizam a fermentação secundária para criar as suas bebidas alcoólicas.

O pH do fermento pode diferir significativamente de quando começou, o que afecta as reacções químicas que ocorrem entre os micróbios e o seu ambiente. Uma vez que o álcool está entre 12-15% mata a levedura, impedindo fermentação posterior, é necessária destilação para remover a água, condensando o teor alcoólico para criar uma percentagem mais elevada de álcool.

1.4. SISTEMA DE FERMENTAÇÃO INDUSTRIAL

O processo de fermentação industrial compreende o aspecto biológico químico e físico da fermentação.

Começa com microrganismos adequados, exigência de esterilidade, reacção celular e condições especificadas.

- Rastreio de microrganismos adequados
- Desenvolvimento de inóculo de sementeira para multiplicação e apoio (Bom crescimento para microrganismos)
- Desenvolvimento do meio de produção que é quase e sempre complexo para maximizar os rendimentos do metabolito.
- Medidas adequadas para assegurar o controlo da contaminação.
- Determinação da condição física, como pH, temperatura, tempo.
- Determinação de metabolitos industriais (isolamento e purificação do metabolito após o fim da fermentação) que são muito caros e dispendiosos.

1.4.1 Tipos de processos de fermentação microbiana

O processo de cultura microbiana pode ser levado a cabo de diferentes formas. Como por exemplo:

1. Fermentação por lotes
2. Fermentação Fed-batch
3. Fermentação contínua

-Fermentação por lotes:

A fermentação por lotes, é um sistema fechado no qual um grande volume de meio nutriente é inoculado para proceder à colheita e recuperação do produto. Isto termina a fermentação do lote à medida que o recipiente é limpo e re-esterilizado para os lotes subsequentes. Este é um sistema fechado no qual todos os nutrientes são inicialmente adicionados ao recipiente e inoculados.

Os tratamentos subsequentes incluem a manutenção de arejamento adequado, fornecendo agitadores e controlo do pH através da adição de um ácido ou de um álcali. Nos caules aerados, são adicionados agentes antiespuma, tais como óleo de palma ou óleo de soja. O crescimento em grande escala de microrganismos tende a gerar calor no sistema. O controlo da temperatura é mantido fornecendo sistema de circulação de água em torno do recipiente para troca de calor.

Na fermentação por lotes, o crescimento dos microrganismos segue a curva de crescimento característica com uma fase de desfasamento seguida de uma fase de registo, atingindo finalmente a fase estacionária devido à limitação de nutrientes e outros factores. Uma curva de crescimento diauxy pode ser observada quando são utilizadas soluções nutritivas complexas, duas fases de atraso ocorrem frequentemente separadas por uma segunda fase de registo, isto deve-se a um dos substratos utilizados preferencialmente. A presença de um substrato reprime a decomposição de outro substrato.

Em resumo, os microrganismos passam por todas as fases de crescimento (fase Lag, fase de aceleração transitória, fase exponencial, desaceleração, fase estacionária), antes da recolha do produto.

-Fed-Batch Fermentação:

No Fed-batch, o substrato é adicionado em incrementos à medida que a fermentação progride (pequenas concentrações e pequenas doses) porque durante a formação de muitos metabolitos secundários está sujeito à repressão de catabolitos por alta concentração de glucose, outros hidratos de carbono, ou compostos de azoto. Porque elementos críticos da solução nutritiva são adicionados em pequena concentração no início da fermentação e estas substâncias (substratos) continuam a ser adicionadas em pequenas doses durante a fase de produção.

É difícil medir a concentração do substrato directa e continuamente durante a fermentação. Os parâmetros indirectos, que estão correlacionados com o metabolismo dos substratos críticos, têm de ser medidos a fim de controlar o processo de alimentação. Por exemplo, no processo de ácidos orgânicos, o pH deve ser utilizado para determinar a taxa de alimentação com glicose. Por vezes, o O_2 dissolvido ou o teor de CO_2 no ar extraído são monitorizados. Aqui o microorganismo é mantido a uma taxa de crescimento de pico (fase exponencial).

-Fermentação Contínua:

Durante a fermentação contínua, algumas partes dos componentes (incluindo meios e inóculos) do processo a montante são retirados intermitentemente e a substituição das substâncias retiradas é feita pela adição do meio fresco ou nutrientes.

A parte retirada do fermentador é utilizada para a recuperação dos produtos. Durante a fermentação contínua, o equipamento está sempre a ser utilizado e, em segundo lugar, não é necessário inóculo na adição subsequente dos nutrientes.

Esta fermentação industrial está a ser realizada em bioreactores, que incluem:
1. Fermentadores ou Reactores ou Bioreactores.
2. Outros recipientes como tubos de ensaio, frascos e petridishes

1.5 Fermentadores (Bioreactores)

Um fermentador é um recipiente fechado e esterilizado que mantém condições óptimas para o crescimento de um microrganismo. Os microrganismos são submetidos a fermentação para produzir grandes quantidades de um metabolito (produtos) desejado para uso comercial. Este produto pode ser recolhido de um fermentador após um período fixo de tempo (cultivo em lote) ou contínuo (cultivo contínuo).

Os fermentadores também chamados Bioreactor são recipientes especiais equipados com dispositivos de controlo para mistura de caldo, aeração e controlo da condição de recazão (cultura). Por exemplo, permutador de calor para controlo de temperatura.

Um biorreator pode ser tão pequeno quanto 1 -20 litros em escala de laboratório, mas 100,000 - 500,000 litros para produção em fermentadores

O tamanho do fermentador é medido pelo volume total apenas cerca de 75% do volume é normalmente utilizado para fermentação real, sendo o resto deixado para espuma e gases de escape.

1.6 Função principal de um Fermenter (Bioreactor)

1. Proporcionar um ambiente propício e controlado para o agente biológico (microrganismos) tais como pH, temperatura e pressão.
2. Servir como uma mistura definida de microrganismos antes da mistura adequada para a transferência de nutrientes e produtos.
3. Poupança adequada para aeração e desgaseificação dos gases gerados.
4. Para obter um produto desejado após a fermentação.
5. Obter uma cultura homogénea com entrada de energia mineral.
6. Para permitir manter condições óptimas para o crescimento celular e formação do produto.
7. Um recipiente robusto, suficientemente forte para resistir aos vários tratamentos que exigiam calor elevado, esterilização por pressão.
8. Ponto de inoculação para transferência asséptica em inóculos e válvula de amostragem para a retirada de uma amostra para diferentes testes.

1.7 Componentes do Bioreactor

1. Sondas e sensores (pH, O_2 , calor, temperatura, massa celular, pressão, sondas antiespuma). Dispositivos de controlo para

verificar também os níveis de nutrientes-chave e a concentração do produto.

2. Camisa de água exterior
3. Placa de cabeça
4. Porta de amostragem / saída do produto
5. Escape de exaustão
6. Ácido / entrada de base
7. Entrada de nutrientes
8. Eixo
9. Motor
10.String paddles
11.Impulsor
12. Sistema de ar sparger / aeração
13. Sorteios
14.Selagem

Um fluxograma da componente principal de um biorreator é mostrado e listado abaixo na figura 1.

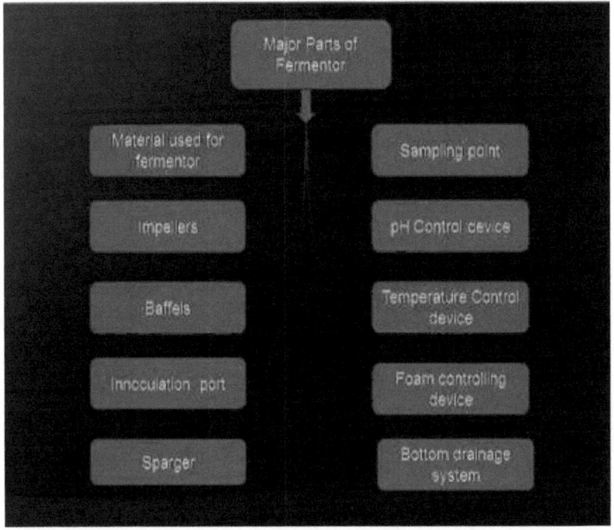

Aqui está o fluxograma que mostra as principais partes do fermentador.

Figura 1: Diagrama de fluxo que mostra a maior parte de um fermentador.

Fonte: *(Kumaresan e Jyeshtharaj, 2006*

1.8 Partes principais do fermentador:

-Sondas e sensores: São utilizados para monitorizar o estado dentro do fermentador a fim de manter um nível óptimo de crescimento microbiano exemplo:

(1) Sondas antiespuma para prevenir a contaminação no processo de fermentação.

(2) Ácido / base sonda um fluxo para adicionar ácido e bases durante o processo de fermentação.

-Camisa de água externa: Pode ser utilizada para absorver o calor em excesso e manter uma temperatura constante viável86.

-Placa de cabeça: Para cobrir a parte superior do recipiente dos biorreactores.

-Pote de amostragem: Uma válvula para obter a amostra da fermentação

-Exaustão de saída / entrada de nutrientes: Permitir a introdução de açúcar da remoção dos resíduos metabólicos.

-Acid/base de entrada: Permite a regulação do nível de pH dentro da câmara (a formação do produto pode alterar o pH).

-Eixo: Não permitir a fuga do meio ou a entrada de microrganismos nos bordos.

-Pás de corda motorizadas: Função de distribuir o calor e os materiais de forma uniforme dentro da câmara de reacção.

-Impeller: Diminuir o tamanho das bolhas de ar para dar uma maior área interfacial para transplante de O_2 e diminuir as vias de difusão. Isto também mantém um ambiente uniforme em todo o conteúdo do vaso.

-Air sparger: Para assegurar uma melhor dispersão do ar para microrganismos no exemplo do fermentador; sparger poroso, sparger de orifício e nozzle sparger.

-Baffles: Para evitar um vórtice e melhorar a eficiência de aeração. Também para evitar um efeito de turbilhão na piscina que poderia impedir uma mistura adequada por mistura.

-Um aerador: Pode ser utilizado para introduzir ar comprimido na câmara enquanto um antiespumador pode impedir a formação de espuma.

-Sealing: Entre a placa superior e o recipiente para manter o estado hermético, asséptico e de contenção.

1.9. Construção de Fermentadores:

Os fermentadores industriais podem ser divididos em duas classes principais, anaeróbica e aeróbica. Os fermentadores anaeróbios requerem pouco equipamento especial excepto para a remoção do calor gerado durante o processo de fermentação, enquanto que os fermentadores aeróbios requerem equipamento muito mais elaborado para assegurar que a mistura e a aeração adequada sejam alcançadas.

1. Jaqueta de arrefecimento:

Os fermentadores industriais de grande escala são quase sempre construídos em aço inoxidável. Um fermentador é um grande cilindro fechado na parte superior e na parte inferior e nele são instalados vários tubos e válvulas. O fermentador é equipado externamente com uma camisa de arrefecimento através da qual passa vapor (para esterilização) ou água de arrefecimento (para arrefecimento) (Gueguim *et al.*, 2005).

A camisa de arrefecimento é necessária porque a esterilização do meio nutriente e a remoção do calor gerado são obrigatórias para a conclusão bem sucedida da fermentação no fermentador. Para fermentadores muito grandes, a transferência de calor é insuficiente através da camisa e, portanto, são fornecidas serpentinas internas através das quais se passa vapor ou água de arrefecimento.

Uma vez que a maioria dos processos de fermentação industrial são aeróbicos, a construção de um fermentador aeróbico típico (Fig. 2) é mostrada abaixo:

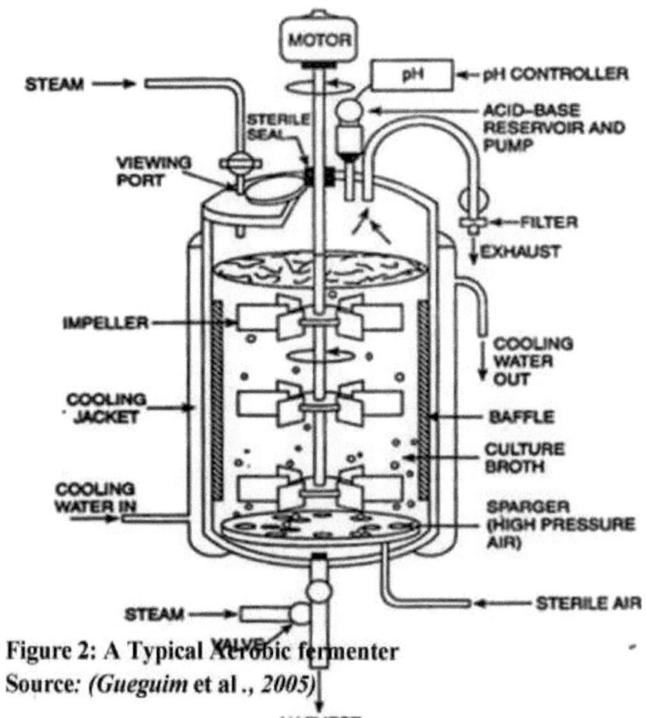

Figure 2: A Typical Aerobic fermenter
Source: *(Gueguim et al., 2005)*

2. Sistema de Aeração:

O sistema de aeração é uma das partes mais críticas de um fermentador. Num fermentador com uma alta densidade populacional microbiana, há uma enorme procura de oxigénio por parte da cultura, mas sendo o oxigénio pouco solúvel na água dificilmente se transfere rapidamente através do meio de crescimento. É necessário, portanto, que sejam tomadas precauções elaboradas utilizando um bom sistema de aeração para assegurar uma aeração adequada e uma disponibilidade de oxigénio em toda a cultura. No entanto, dois dispositivos de aeração separados são utilizados para assegurar uma aeração adequada no fermentador. Estes dispositivos são o sparger e o impulsor. O sparger é tipicamente apenas uma série de orifícios num anel metálico ou num bocal através do qual ar esterilizado por filtro (ou ar enriquecido com oxigénio) passa para o fermentador sob alta pressão. O ar entra no fermentador como uma série de pequenas bolhas a partir das quais o oxigénio passa por difusão para o meio de cultura líquido.

A turbina (também chamada agitadora) é um dispositivo agitador necessário para agitar o fermentador (Gueguimet *al* . , 2005).

A agitação realiza duas coisas:

(i)   Mistura as bolhas de gás através do meio de cultura líquido e

(ii) Mistura as células microbianas através do meio de cultura líquido. Desta forma, a agitação assegura o acesso uniforme das células microbianas aos nutrientes.

O tamanho e a posição do impulsor no fermentador depende do tamanho do fermentador. Em fermentadores altos, é necessário mais do que uma hélice para se obter um arejamento e agitação adequados. Idealmente, a hélice deve ter 1/3 do diâmetro dos fermentadores instalados acima da base do fermentador. O número de hélices pode variar de tamanho para tamanho até ao fermentador (Gueguim et *al* . , 2005).

3. *Foguetes:*

Os deflectores são normalmente incorporados em fermentadores de todos os tamanhos para evitar um vórtice e para melhorar a eficiência da aeração. São tiras metálicas com cerca de um décimo do diâmetro dos fermentadores e fixadas radialmente às paredes (Gueguim *et al* ., 2005).

4. **Dispositivos de controlo dos factores ambientais**: Em qualquer fermentação microbiana, é necessário não só medir o crescimento e a formação do produto, mas também controlar o processo através da alteração dos parâmetros ambientais à medida que o processo

prossegue. Para este fim, vários dispositivos são utilizados num fermentador. Os factores ambientais que são frequentemente controlados incluem temperatura, concentração de oxigénio, pH, massa celular, níveis de nutrientes-chave, e concentração do produto (Gueguimet al . , 2005).

1.10Tipos de Fermentadores

Há vários tipos de fermentadores que são descritos abaixo.

1. Tanque Agitado (Contínuo) Bioreactor (Usado para fazer antibióticos).
2. Airlift Bioreactor (Produção de levedura)
3. Torre embalada (Cama) Bioreactor (na produção de vinagre)
4. Bioreactor de Leito Fluidizado (para produção de enzimas)
5. Fotobioreactor (produção de Spirulina)
6. Bioreactor de Membrana
7. Bubble Column Bioreactor
8. Nathan fermentor (utilizado na indústria cervejeira)
9. Bioreactor de coluna pulsada

-Bioreactor de Tanque Agitado Contínuo

O biorreator contínuo do tanque agitado consiste num recipiente, tubos, válvulas, bombas, agitador, eixo, impulsor e um motor. O que é mostrado na figura 3. Abaixo. O Sparger é principalmente utilizado para adicionar ar ao meio de cultura sob pressão e as turbinas servem como distribuidor de gás em todo o fermentador e também quebrar as bolhas maiores para uma distribuição uniforme.

O motor alimenta o biorreator que ajuda na mistura de culturas e também existem sensores que podem detectar temperatura, PH, oxigénio dissolvido, glucose, ácido láctico, amoníaco, ião amónio, e outros parâmetros no meio de cultura.

O principal alvo dos produtos desejados são as células ou

metabolito primário que, na sua maioria, adquirem microorganismos como <u>leveduras</u> ou bactérias.

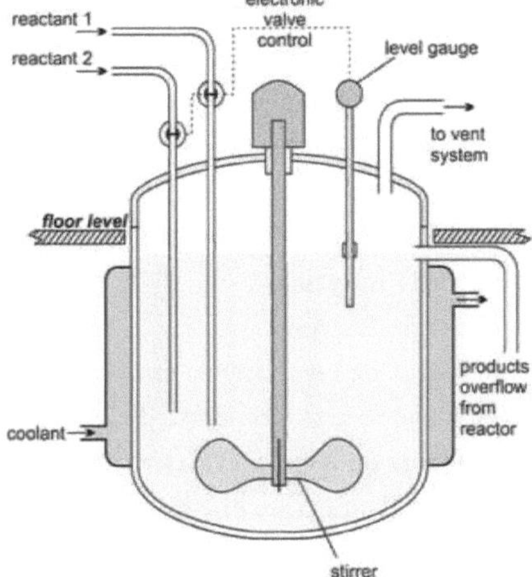

Figura 3: Um Fermentador de Agitação Contínua.

Vantagens do reactor-cisterna de agitação contínua
- É uma operação contínua
- Tem uma boa captação sobre a temperatura
- Proporciona um ambiente homogéneo para o crescimento e a proliferação celular
- Adapta-se facilmente a execuções em duas fases
- É bastante rentável tanto em termos de investimento como de funcionamento

Desvantagens do reactor-cisterna de agitação contínua
- A sua agitação mecânica produz tensão de cisalhamento que pode prejudicar as células cultivadas. mas isto pode ser ultrapassado alterando a forma e o diâmetro da lâmina da turbina ou adicionando albumina de soro bovino ou dextrano
- A formação de espuma também pode causar um problema, mas mais uma vez pode ser resolvido por agentes anti-espuma.

-Airlift Bioreactor

O meio do recipiente consiste num deflector ou num tubo de calado através do qual o ar é bombeado. Isto pode criar uma bolha no meio que, em última análise, ajuda a subir através do tubo deflector e arrasta também o fluido circundante. O diagrama é apresentado na figura 4. Abaixo.

Isto, no processo, agita o conteúdo por via aérea.

Existem dois tipos de bioreactores de transporte aéreo;

Tipo de laço interno,

Tipo de laço externo

- **O bioreactor de laço interno** tem um único recipiente com um rascunho que realiza o processo de fermentação.
- **O bioreactor de laço externo** tem um laço externo para separar amostras ou líquidos em diferentes canais que realizam a fermentação.

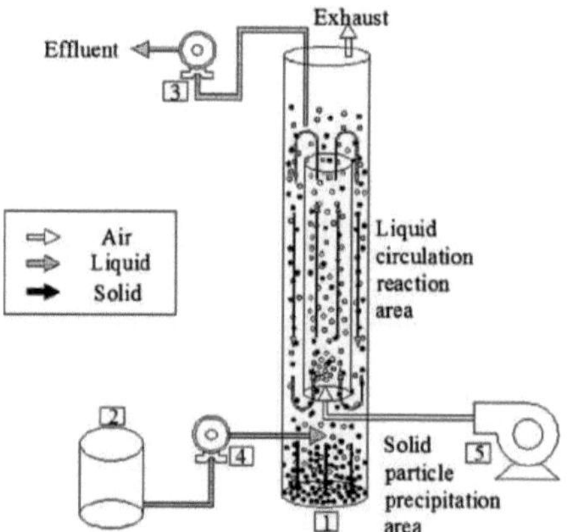

Figura 4: Airlift Bioreactor

Vantagens do Bioreactor de Transporte Aéreo

- Produz muito pouco stress de cisalhamento, menos fricção
- Exige menos esforços para construir o biorreator.
- É rentável
- É necessária menos energia

Desvantagens do Bioreactor de Transporte Aéreo

- É necessária uma alta pressão neste sistema
- Não está presente nenhum eixo que ajude como quebrador de espuma, o que cria um grande inconveniente.

-Bioreactor de cama

Os bioreactores de leito embalado são reactores tubulares que são enchidos com uma enzima imobilizada ou células microbianas como biocatalisadores à medida que a imobilização aumenta a estabilidade da enzima e estas enzimas podem ser utilizadas várias vezes. O diagrama é mostrado na figura 5.abaixo.
O substrato é então autorizado a fluir através do biorreator de leito embalado e é geralmente operado numa única passagem.

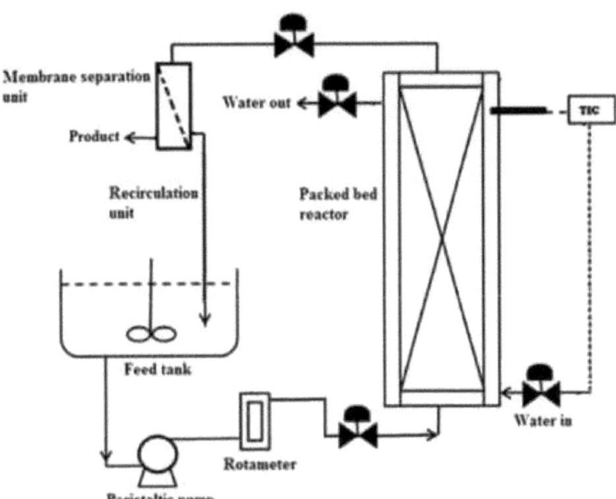

Figura 5: Um Bioreactor de Cama embalado

Vantagens do Packed Bed Bioreactor

- É bastante fácil de operar
- Proporciona melhor qualidade
- Os produtos podem ser controlados.

Desvantagens do Bioreactor de Cama Embalada

- Como o substrato e as moléculas do produto são levados a cabo tanto dentro como fora da matriz portadora durante a reacção, há um problema de resistência externa de transferência de massa.

Bioreactor de Leito Fluidizado

Um biorreator de leito fluidizado é um reactor de células imobilizadas que é uma combinação de tanques agitados e reactores de fluxo contínuo de leito embalado.

Pode ser explicado como camas de moléculas regulares que estão suspensas num fluxo de líquido fluente. Abaixo está o diagrama do Bioreactor de Leito Fluidizado na figura 6.

Isto pode ser usado para partículas tais como enzimas imobilizadas, células imobilizadas, e flocos microbianos.

As partículas de células imobilizadas são aqui retidas no leito por parâmetro crítico de gravidade

é a velocidade de assentamento

Envolve células como biocatalisadores, incluindo 3 fases; gás-líquido-sólido.

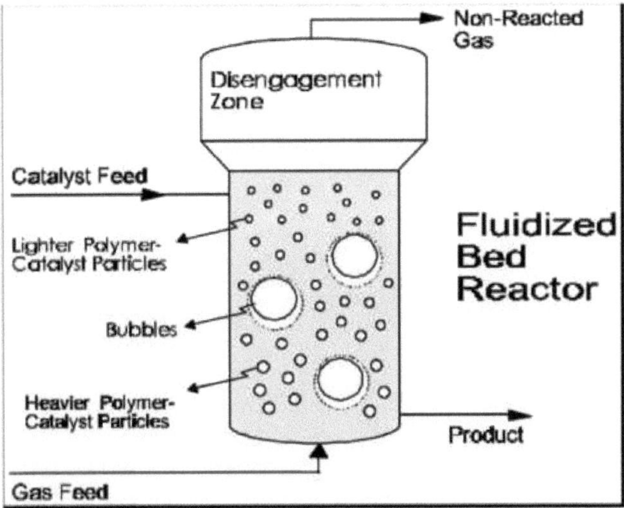

Figura 6: Bioreactor de Leito Fluidizado

Vantagens do Fluidized Bed Bioreactor
• É utilizado para tratamento de águas residuais e produção de hidrogénio.

Desvantagens do biorreator de leito fluidizado
• Requer mais energia para conseguir a fluidificação no biorreator.

-Photobioreactor

• Estas são levadas a cabo quer por exposição à luz solar, quer por iluminação artificial.

• Estas são maioritariamente utilizadas para o cultivo de algas. O diagrama do Photobioreactor é apresentado abaixo na figura 7.

• A gama de temperaturas utilizadas situa-se entre 25-40^0 C

Vantagens do Fotobioreactor
• A contaminação é menor.

• Pode poupar espaço, pois pode ser colocado verticalmente, horizontalmente ou em ângulo, dentro ou fora de casa.

Desvantagens do Fotobioreactor
- O controlo do PH e da temperatura é bastante difícil
- Está algures susceptível de contaminação.

Figura 7: Um Fotobioreactor

-Bioreactor de membrana

Consiste num reactor biológico com biomassa em suspensão e remoção de sólidos por membranas de ultra e microfiltração.

É utilizado para fermentação alcoólica, solventes, produção de ácido orgânico, tratamento de águas residuais.

Envolve efluentes de alta qualidade através das membranas e elimina os processos de sedimentação e filtração. Abaixo está o Diagrama do Bioreactor de Membrana apresentado na figura 8. Os materiais de membrana mais utilizados são o polisulfonte, poliamida e acetato de celulose.

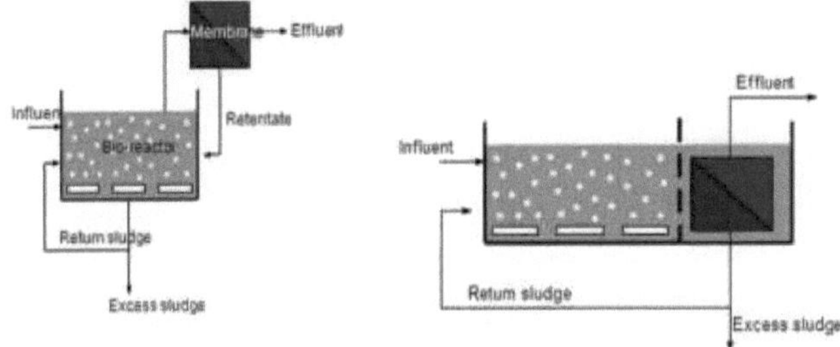

Figura 8: Bioreactor de Membrana

Vantagens do Bioreactor de Membrana
- A perda da enzima é minimizada.
- A qualidade do efluente é elevada
- O efluente é devidamente desinfectado a partir de todos os micróbios patogénicos

Desvantagens do Bioreactor de Membrana
- Bastante dispendioso e consumidor de energia
- A aeração é limitada
- A poluição por membranas é também um inconveniente

-Bubble Column Bioreactors

O biorreator envolve agitação por movimentos de fluidos movidos por densidade e o sparger é utilizado para fornecer ar para a fase líquida contínua no fundo dos reactores. Abaixo está o diagrama de Bubble Column Bioreactors mostrado na figura 9.

O fluido é misturado intensivamente a altos caudais de gás quando os caudais convectivos se tornam turbulentos.

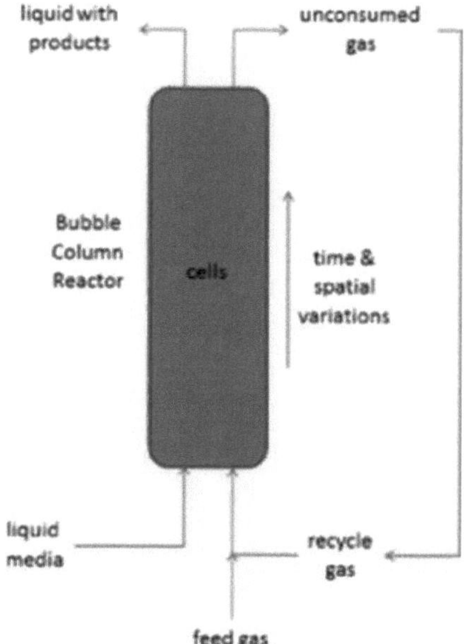

Figura 9: Bubble Column Bioreactors

Vantagens dos Bubble Column Bioreactors
- Adquire bom calor e transferência de massa
- Fácil de operar
- Baixa manutenção

Desvantagens dos Boreactores de Coluna de Bolha
- A mistura traseira é um grande inconveniente que afecta negativamente a conversão do produto.

Os tipos utilizados extensivamente nas indústrias são:
- O fermentador do tanque agitado
- Fermentor de ar comprimido
- Fermentador de coluna de bolha

Os biorreactores mais utilizados são **do tipo agitado contínuo**, enquanto que o biorreactor mais utilizado é o **fermentador descontínuo de tanque agitado aerado** porque a maioria dos processos de fermentação industrial são aeróbicos.

Vários tipos de fermentador são **ainda agrupados com base em diferentes conceitos de função e desenhos:**

1. Forma ou configuração
2. Estado líquido (submerso) ou sólido (superfície)
3. Arejado ou aeróbico.
4. Produção por lotes ou contínua

Com base na configuração (dispositivos de mistura) mecânica e não mecânica (pneumaticamente) dos bioreactores agitados.

> **Biorreactores mecanicamente agitados (hélices de impulsores).** São muito populares e mais estudados.

> Não mecanicamente (pneumaticamente); estes são bioreactores que são misturados sem agitadores mecânicos quer por borbulhagem de ar quer pneumaticamente.

-Bubble coiumn

-Airlift bioreactors: airlift dividido, Airlift com tubo de tracção interior, airlift de laço externo.

Têm muitas vantagens em relação aos mecânicos.

1. Mais barato, mais simples e mais fácil de construir.
2. A energia necessária para a mistura é menor.
3. O stress hidrodinâmico é normalmente muito baixo.

1.11 Desenhos e construção de Bioreactores

Há dois tipos de materiais que podem ser utilizados na construção de um fermentador:

(i)   **Aço inoxidável**; de acordo com o American Iron and Steel Institute (AISI), se um aço contém 4% de crómio, chama-se aço inoxidável. O uso longo e contínuo do aço inoxidável mostra por vezes que também é importante considerar o material utilizado para a vedação asséptica.

(ii)   **Vidro;** Pode ser feito entre vidro e vidro e metal, ou usando metal para juntas entre um recipiente e uma placa de topo ou de base destacável (vidro)

À escala piloto, qualquer material a ser utilizado terá de ser avaliado na sua capacidade de resistir à pressão, esterilização, corrosão e à sua potencial toxicidade e custo.

1.12   Principais Requisitos para a Construção de Bioreactores

1. Os materiais de construção 0,4% de aço inoxidável crómio ou vidro

2. O Agitador (Impulsor): O tamanho e a posição do impulsor no recipiente depende do tamanho do fermentador. Em todos os recipientes, é necessário mais do que uma hélice para se obter a aeração-agitação adequada. Idealmente, a hélice deve estar 1/3/ ou 1/2 do diâmetro do recipiente (D) acima da base do recipiente. O número de hélices pode variar de tamanho para tamanho do recipiente.

   Existem quatro classes, nomeadamente: Turbina de disco, disco Vaned, turbina aberta de passo variável e hélice marítima.

3. Glândula Agitadora e Rolamento: Foram utilizados quatro tipos básicos de montagem: o selo de empanque embalado, o selo simples de bucha, o selo mecânico e o accionamento magnético.

4. Foguetes: Existem tiras metálicas utilizadas para verificar ou prevenir a formação de vórtices em torno das paredes do recipiente, o que resulta em espuma. Os deflectores são normalmente incorporados em recipientes agitados de todos os tamanhos para evitar um vórtice e para melhorar a eficiência da aeração. São fixados radicalmente às paredes por cada cerca de um décimo $(1/10^{th})$ do diâmetro do vaso. O espaço entre as paredes e o deflector facilita a acção de lavagem em torno do vaso. Este movimento também

minimiza o crescimento em deflectores e paredes de fermentação.

5. Sparger: Um sparger pode ser definido como um dispositivo para introduzir ar no líquido de um fermentador. É importante saber se o sparger deve ser utilizado sozinho ou com agitação mecânica, uma vez que pode influenciar o tamanho inicial das bolhas de ar. A eficiência do sparging é uma função da taxa de sparging e da extensão da distribuição/dispersão de gás pelos spargers, ou seja (número de poros, o diâmetro dos poros e a distribuição dos poros no sparger). Os tipos de gás utilizados para o sparging dependem do objectivo.

e. g *Air, oxigénio ou mistura de dois é utilizado para o processo aneróbico onde a aeração é o principal objectivo de sparging.

*Gases inertes como o azoto são frequentemente utilizados para processos aneróbicos onde a mistura e a desgaseificação são os principais objectivos.

*Uma mistura de ar e dióxido de carbono é utilizada em algumas células vegetais e animais e também fotobioreactor.

Foram utilizados três tipos básicos de sparger e podem ser descritos como o sparger poroso, o sparger de orifício e o sparger de bocal. Têm também um chamado "sparger agitador".

Adição de O_2 à cultura (arejamento) para remover gases indesejados da cultura (de-gas) ou para manter as células em suspensão, o método chama-se sparging.

6. Vedação: A vedação entre a placa superior e o recipiente é um critério importante para manter a estanqueidade ao ar, asséptico e de contenção. Existem 3 tipos de selagem.

a. Junta de empanque.

b. Lipseal.

c. Anel "O": Tem vedação simples e dupla vedação.

Nota: Vedação de 2 vias em anel "O" com vapor entre dois selos.

A selagem tem de ser feita entre 3 tipos de superfícies, a saber

- Vidro - vidro.

- Vidro-metal

- Metal - metal.

Utilização de materiais tais como tecido-nitrilo ou borrachas de butil.

Outros são:

- Concentrações de oxigénio dissolvido / dióxido de carbono
- Controlo da temperatura
- Controlo de pH
- Controlo da pressão
- Controlo de espuma

1.13   Desenhos e modelos

Alguns dos bioreactores foram concebidos para processos específicos enquanto outros são mais robustos e podem ser utilizados para vários processos.

Uma vez que as condições óptimas para o crescimento celular e formação do produto variam em função da estirpe celular e do produto desejado, deve ser decidido se o biorreator será utilizado para uma célula / produto específico ou se será utilizado para uma variedade de células / produtos antes de conceber um biorreator.

Os pontos básicos a considerar durante a concepção de um fermentador incluem:

- Produtividade e rendimento.

- Funcionalidade e fiabilidade dos fermentadores e livre de contaminação.

- Purificação do produto.

- Gestão de resíduos.
- Tratamento de resíduos.
- Requisitos energéticos.
- Material para construção quer em vidro quer em aço
inoxidável 4% de crómio.

A finalidade ou objectivos dos projectos de bioreactores:
- Quando o tamanho do biorreator é aumentado, para ser capaz de manter condições óptimas para o crescimento celular e formação do produto.
- Construir um bioreactor que seja barato e simples de operar e manter.
- Ser capaz de alterar um parâmetro de processo enquanto os outros parâmetros são mantidos constantes.
- Para obter uma cultura homogénea com entrada de energia mineral.
- Para manterem o stress hidrodinâmico tão baixo quanto possível.

Desenvolvimento de Bio-Processos

Isto é normalmente feito em fases que incluem;
A. As experiências básicas em laboratório/escala de banco.
B. Elucidação das condições óptimas à escala piloto.
C. Estabelecimento do processo à escala industrial onde as condições óptimas estabelecidas nos selos inferiores são mantidas à escala industrial.

1. Isto envolve o controlo das condições de cultura, tais como a transferência de massa.
- Mistura
- Tensão hidrodinâmica.
- Consumo constante de energia por unidade de volume.
2. Assim como a composição e concentração médias. Finalmente, o rastreio de microrganismos. Os microrganismos não são deixados de fora neste processo, pois

são os micro-reactantes no fermentador (biorreator). Vários microrganismos foram reportados como produzindo uma série de metabolitos primários e secundários, mas numa quantidade muito baixa.

2. OPTIMIZAÇÃO DO PROCESSO DE FERMENTAÇÃO

2.1 Conceitos: A tecnologia da fermentação é amplamente utilizada para a produção de vários compostos economicamente importantes que têm aplicação na produção de energia, na indústria farmacêutica, química e alimentar. Para qualquer produto baseado na fermentação, o mais importante é a disponibilidade do produto fermentado igual à da procura do mercado.

Optimização significa literalmente a concepção e operação de um sistema ou processo para o tornar tão bom quanto possível em algum sentido definido.

Geralmente as optimizações do processo de fermentação são os métodos, actividades ou práticas e parâmetros aplicados durante a fermentação para assegurar um óptimo desempenho do fermentador e a produção de qualidade e de produtos em quantidade óptima. É outra abordagem à concepção do meio e é utilizada para determinar a concentração limite de cada componente do meio.

A optimização do processo de fermentação tem como objectivo:

- Identificar e determinar a concentração limite de cada componente dos meios.
- Identificar e conhecer o nutriente certo a escolher para o crescimento, multiplicação e as suas actividades metabólicas.
- Ajuste das condições de fermentação, tais como pH, temperatura, velocidade de agitação, tempo de fermentação.
- Aumentar o rendimento, a actividade do produto desejado.
- Maximizar os lucros do processo de fermentação, ou seja, minimizar o custo do produto e o produto indesejável, também conhecido como subproduto.

Alguns parâmetros do Índice de Avaliação de Processos (PA1)

considerados durante a optimização dos meios de fermentação são;

1. Volume do inóculo/volume do inóculo.

2. Volume do recipiente de fermentação/ capacidade do fermentador.

3. Fontes de carbono/nitrogénio/concentração.

4. Disponibilidade de nutrientes (componentes nutritivos e não nutritivos).

    i.   Buffer

    ii.   Ágar

    iii.   Surfactantes (agente antiespuma (ácido gordo e derivados)

    iv.   Factores de crescimento

    v.   Phosphates e.t.c.

5. pH

6. Temperature

7. Agitation speed

8. Fermentation time

9. Aeration requirements.

Standardize the physical parameters

Algumas variáveis químicas e biológicas, incluindo os parâmetros físicos.

1) O meio ideal, mesmo para um único processo industrial, pode diferir consoante a fase. Inoculum (cultura de sementes)/ meio de fermentação. Os microrganismos requerem meios diferentes, isto é, para a fase de crescimento celular e para a fase de formação do produto).

2) Tanto a escolha das fontes nutritivas como as suas concentrações afectam a quantidade de produtos não desejados (subprodutos) formados.

3) Por exemplo, o agente antiespuma (ácido gordo e derivados, poliglicóis, álcoois superiores e silicones) também são determinados uma vez que alguns destes agentes ou são tóxicos ou conferem algumas características indesejáveis à cultura se adicionados em excesso.

2.2Media Optimization Strategies/Methods:

Há várias estratégias/métodos utilizados durante a optimização do desenho médio/médio processo de fermentação que incluem:

- Empréstimo.
- Substituição de componentes.
- Mimicry Biológico
- Um factor de cada vez.
- Desenho Factorial.
- Placket e Burmar's Design.
- Desenho central composto.
- Metodologia de superfície.
- Operação evolutiva.
- Desenho factorial de operação evolutiva.
- Rede neural artificial.
- Lógica difusa.
- Algoritmos genéticos.

Mas o mais frequentemente utilizado e historicamente é o **factor único (OFAT)** seguido de uma **técnica factorial completa** e **metodologia de superfície de resposta.** Mas **o desenho** e **substituição de componentes de placekett e burmar** pode ser útil para o rastreio de componentes médios.

Na indústria de bioprocessos, é frequentemente necessário realizar experiências de optimização porque estão continuamente a ser introduzidos novos mutantes e estirpes. Na optimização do processo de fermentação média, diferentes combinações e sequência de condições de processo e componentes médios têm de ser investigadas para determinar a condição de crescimento que produz a biomassa com o estado fisiológico melhor constituído para a formação do produto.

1. Empréstimo

Este é um sistema aberto para optimização de processos. Os componentes médios e as condições do processo são obtidos a partir das literaturas e são analisados os outros trabalhadores que foram utilizados para cultivar o mesmo género, espécie ou estirpe. O problema com este método é que existem demasiadas opções para um dado processo de fermentação. Por conseguinte, é necessária uma pequena listagem e a vantagem deste método é que é simples, fácil e não requer qualquer habilidade matemática (Kennedy e Krouse, 1999).

2. Substituição de componentes

Este é um sistema aberto para optimização de processos e apenas utilizado para comparar o componente de um tipo num meio de fermentação (Nandi e Mukherjee, 1988). Neste método, um dos componentes do meio foi substituído por um novo componente ao mesmo nível de incorporação. No entanto, este método não considera as interacções dos componentes. Mas este método pode ser útil para o rastreio de diferentes fontes de carbono, azoto e outras fontes para melhorar a utilização do meio (Kennedy e Krouse, 1999; Jatinder *et al.*, 2006; Tavares et al., 2005). O rastreio da fonte de carbono adequada para a produção de mevastatina e ácido cítrico por fermentação em estado sólido foi realizado por técnicas de substituição de componentes (Ahamad *et al.*, 2006; Kumar et *al.*, 2003).

3.   Mimicry Biológico

A mímica biológica é um sistema fechado para a optimização do processo de fermentação. Este método é útil para a optimização de vários componentes dos meios de fermentação e baseado no conceito de que a célula cresce bem num meio que contém tudo o que precisa na proporção certa (estratégia de equilíbrio de massa). O meio é optimizado com base na composição elementar de microrganismos e no rendimento de crescimento. A limitação deste método é medir a composição elementar dos microrganismos é caro, trabalhoso e demorado, além disso, não considera a interacção dos componentes, contudo este método dá uma ideia sobre os diferentes níveis de micro e macro elementos necessários nos meios para um crescimento óptimo dos microrganismos (Kennedy e Krouse, 1999).

4.Um factor de cada vez

Um factor de cada vez é um sistema fechado para a optimização do processo de fermentação. Este método pode ser aplicado para optimização de componentes médios, bem como para condições de processo e baseia-se no método clássico de alteração de uma variável independente, fixando todas as outras a um determinado nível (Ahamad *et al.*, 2006; Alexeeva *et al.*, 2002; Patidar *et al.*, 2005). Esta estratégia tem a vantagem de ser simples, fácil e os efeitos individuais dos componentes médios e condição do processo podem ser vistos em gráficos (Kar *et al.*, 1999; Kumar *et al.*, 2003) mas as limitações deste método são a interacção entre os componentes ignorados, extremamente demorada, dispendiosa para um grande número de variáveis, uma vez que envolve um número relativamente grande de experiências. Devido à sua facilidade e conveniência, o método "um factor por vez" tem sido o método mais popular para melhorar o meio de fermentação e o estado do processo.

5. Desenho Factorial

O desenho factorial é um sistema fechado para optimização de processos. Neste método, os níveis dos factores/parâmetros são independentemente variados, cada factor a dois ou mais níveis. Estes efeitos que podem ser atribuídos aos factores e as suas interacções são avaliados com a máxima eficiência na concepção factorial mais sobre ela permitem a estimativa dos efeitos de cada factor e interacção.

O procedimento de optimização é facilitado pela construção de uma equação que descreve os resultados experimentais em função do nível do factor. Uma equação polinomial pode ser construída no caso de um desenho factorial onde o co-eficiente na equação está relacionado com os efeitos e interacções dos factores. Num desenho factorial completo (factorial completo) todas as combinações de nível de factores foram testadas. Os factores típicos são tensão microbiana, componentes médios, temperatura, humidade, pH inicial e volume do inóculo. Os factores completos mais utilizados em experiências de melhoramento médio são dois desenhos factoriais (denotados por 2n quando existem n factores). Estes desenhos são os mais pequenos capazes de fornecer informação detalhada sobre a interacção dos factores (ou seja, efeitos antagónicos ou sinérgicos) (Xie *et al.*, 2003).

Um desenho factorial parcial proporciona um compromisso quando o número de tiragens necessárias em factorials completos é impraticável. Estes são normalmente desenhos factoriais de dois níveis. Dois níveis de factoriais fracionários são assinalados por 2n-k, onde n é o número de factores e / k é a fracção do factorial completo utilizado. Esta notação dá uma ideia imediata do número de tiragens necessárias. Por exemplo, 26-1 é uma meia fracção do factorial completo 25 e requer 32 (ou seja, 25) séries por réplica (Rajendhran *et al.*, 2002). Na maioria dos casos, o desenho factorial foi combinado com outras técnicas de optimização diferentes, tais como o desenho central composto (Park et al., 2005) e o funcionamento evolutivo (Tunga *et al.*, 1999) para optimizar o processo de fermentação.

6. Plackett e Burman's Design

O desenho do Plackett e Burman pode ser útil para descobrir a variável importante num sistema em que este desenho é adequado quando mais de cinco variáveis independentes tiverem de ser investigadas. O Plackett e o desenho de Burman's são úteis para analisar factores importantes, que influenciam o processo de fermentação (Naveena *et al.*, 2005). Que são optimizados pela metodologia de superfície de resposta em estudos posteriores (Sayyad *et al.*, 2006; Singh e Satyanarayana, 2006). Esta técnica permite a avaliação de n variáveis por experiências n+1. n+1 deve ser múltiplo de 4, por exemplo, 8, 12, 16, 24, etc. Portanto, o número de variáveis independentes que podem ser investigadas por este método é 7, 11, 15, 19, 23, etc. Quaisquer factores não atribuídos a uma variável podem ser designados como uma variável fictícia. A incorporação de variável fictícia numa experiência permite estimar a variância dos efeitos (Plackett e Burman, 1946).

7. Desenho Central Composto

O desenho composto central (CCD) foi introduzido por Box And Wilson; os CCDs são formados a partir de dois níveis de factorials por adição de apenas pontos suficientes para estimar a curvatura e os efeitos de interacção. O desenho pode ser visto como factorials parciais com factores a cinco níveis. O número de corridas no CCD aumenta exponencialmente com o número de factores. Foi relatada a optimização de componentes de meios para a produção de compactação em meios de produção complexos e quimicamente definidos usando CCD (Kennedy e Krouse, 1999).

O CCD pode ser combinado com a metodologia de superfície de resposta, em que as experiências foram concebidas pelo CCD e posteriormente optimizadas pela metodologia de superfície de resposta (Chakravarti e Sahai, 2002; Dahiya *et al.*, 2005).

8. Metodologia da Superfície de Resposta

A concepção de experiências estatísticas é um método poderoso para acumular informação sobre um processo de forma rápida e eficiente a partir de um pequeno número de experiências, minimizando assim os custos experimentais. Box e Wilson introduziram a Metodologia de Superfície de Resposta (RSM). A RSM procura identificar e optimizar factores significativos com o objectivo de determinar que níveis de factores maximizam a resposta (Sayyad et *al.,* 2006; Singh e Satyanarayana, 2006). A RSM utiliza design experimental estatístico como o Central Composite Design (Chakravarti e Sahai, 2002; Dahiya *et al.,* 2005), Box-Behnken Design (Sayyad *et al.,* 2006) etc., a fim de desenvolver modelos empíricos que relacionam uma resposta e descrevem matematicamente as relações existentes entre as variáveis independentes e dependentes do processo em consideração.

Os contornos de um gráfico de optimização da superfície de resposta mostram linhas de resposta idênticas. Resposta significa os resultados de uma experiência realizada a valores particulares das variáveis que estão a ser investigadas. Os eixos são as parcelas de contorno são a variável experimental e a área dentro dos eixos é denominada superfície de resposta. Para construir um gráfico de contorno, os resultados (resposta) de uma série de experiências que empregam diferentes combinações de variáveis são inseridos na superfície da parcela nos pontos delineados pelas condições experimentais, pontos que dão os mesmos resultados (resposta igual) são unidos para fazer uma linha de contorno (Kumar *et al.*, 2004).

O objectivo da metodologia de superfície de resposta era obter um modelo previsto e este modelo pode ser útil para optimizar a formulação dos meios de fermentação ou para optimizar as condições do processo de fermentação, para realizar simulação com equação de modelo e para melhor compreender o processo de fermentação.

9. Operação evolutiva

A operação evolutiva emprega um desenho factorial sequencial para melhorar o rendimento. As alterações feitas à variável de um ciclo para o seguinte são restritas e só podem ser feitas quando as melhorias estimadas são maiores do que o erro experimental estimado. Foi relatada a optimização da produção de protease por Rhizopusoryzae utilizando a operação Evolutionary (Banerjee e Bhattachaaryya, 1993).

10. Desenho Factorial de Funcionamento Evolutivo

A metodologia de desenho factorial de operação evolutiva (EVOP) foi um híbrido de operação evolutiva e técnica de desenho factorial aqui, as experiências são concebidas com base na técnica factorial e os resultados são analisados por EVOP. Esta metodologia é considerada como uma técnica de pesquisa sequencial multi-variável, na qual os efeitos de n factores variáveis são estudados e a resposta é analisada estatisticamente. O procedimento de tomada de decisão é fácil e claro - direcciona a mudança de variável para os valores máximos ou mínimos objectivos. A técnica de concepção factorial de operação evolutiva combina a vantagem da técnica factorial para a concepção de experiências com n parâmetros e a da metodologia de operação evolutiva para a análise sistemática dos resultados experimentais e facilita a selecção do estado óptimo ou direcciona a mudança desejada para parâmetros individuais para a concepção de experiências subsequentes. Para um estudo de um sistema de cinco variáveis, o número total de novas experiências a realizar é de 25, para além de duas experiências de controlo (regiões de nível de pesquisa). Os parâmetros para as experiências acima referidas estão dispostos tanto no nível superior (+) como no nível inferior (-), em comparação com as regiões de nível de pesquisa (0), os parâmetros e o número total de experiências estão representados numa matriz [5 X (25+2)] que foi dividida em dois blocos, ou seja, blocos globais negativos e blocos globais positivos. Todas as experiências foram replicadas durante dois ciclos. A magnitude dos efeitos, mudança nos efeitos médios, desvio padrão e limites de erro (de média, de efeitos e de mudança nos efeitos médios), analisados de acordo com o procedimento de tomada de decisão de Evop para se chegar ao óptimo. Quando os resultados experimentais do primeiro conjunto não satisfizeram as condições óptimas, um segundo conjunto de experiências foi planeado seleccionando a melhor condição do primeiro conjunto como o novo nível de pesquisa para o segundo conjunto. Este procedimento foi repetido até se obter a condição óptima (Tunga *et al.*, 1999; Panda, 2001).

Foi relatada a optimização da produção de enzimas protease sob fermentação em estado sólido por Rhizopusoryzae e a optimização da produção de ácido gálico sob fermentação em estado sólido utilizando a operação evolutiva e a técnica de desenho factorial (Tunga et *al.*, 1999; Kar et *al.*, 2002; Mukherjee e Banerjee, 2004).

11. Rede Neural Artificial

A rede neural artificial é o modelo e treinada num dado conjunto de dados e depois utilizada para prever novos pontos de dados e fornecer uma alternativa matemática ao polinómio quadrático para representar dados derivados de experiências concebidas estatisticamente.

Os pontos fortes da rede neural artificial são o facto de funcionar bem com grande quantidade de dados e manuseá-los facilmente sem necessidade de qualquer descrição mecanicista do sistema, o que torna a rede neural artificial particularmente bem adaptada à optimização média (Kennedy e Krouse, 1999).

Os primeiros dados gerados pela realização de uma série de experiências e uma rede são construídos e a rede aprende sobre estes conjuntos de dados, uma vez formada, a rede recebe novos pontos de dados (composição do meio ou condição do processo de fermentação) e a produção (desempenho microbiano ou formação do produto) prevista. As redes neurais artificiais são bem adequadas para prever o resultado do processo de fermentação, poupando assim tempo e esforços (Patnaik, 2005).

No entanto, as redes neurais artificiais são simplesmente uma ferramenta de modelagem e não funcionam correctamente quando a sequência de dados de entrada está ausente.

12. Lógica Fuzzy

A lógica Fuzzy utiliza e executa uma série de regras utilizando as funções de membro Fuzzy. Inicialmente são definidas as funções de membro Fuzzy. Isto define o que deve ser o nível dos componentes de um meio de fermentação, seja ele baixo ou alto. Depois são definidos os próximos conjuntos de experiências com base nos resultados obtidos com o primeiro conjunto de experiências (Ul-haq e Mukhtar, 2006). Quando uma nova composição do meio é introduzida no programa de lógica Fuzzy, prevê o resultado ou a

saída (desempenho microbiano ou formação do produto) (Anderson
e Jayaraman, 2005; Kennedy e Krouse, 1999).

13. Algoritmos Genéticos

Nos últimos anos são utilizadas técnicas de optimização não
estatísticas, tais como algoritmos genéticos, na tecnologia de
fermentação. Esta é uma poderosa técnica estocástica de pesquisa e
optimização, esta técnica pode ser utilizada para optimizar o
processo de fermentação sem necessidade de desenhos estatísticos e
modelos empíricos e com base no princípio de que após um processo
contínuo de mutação só existe o melhor indivíduo. Estes indivíduos
esforçam-se por sobreviver. Após um certo número de gerações,
espera-se que apenas o melhor indivíduo represente a melhor
solução. Em meios de fermentação ou processos de fermentação, as
regras de optimização dos algoritmos genéticos podem ser aplicadas
com sucesso onde o conjunto de uma experiência, ou seja, a
composição média é codificada num cromossoma e cada nível de
constituinte médio representa um gene após completar a primeira
geração de experiências, os cromossomas com maior produtividade
são seleccionados e replicados proporcionalmente à produtividade e,
em seguida, é realizado o cruzamento dos cromossomas e a mutação
de alguns genes escolhidos aleatoriamente. Desta forma, são obtidas
novas gerações de experiências. Mas a principal desvantagem dos
algoritmos genéticos é não armazenar a informação gerada em cada
fase do processo de optimização (Zuzek et *al.,* 1996). Foi realizada
uma abordagem híbrida de algoritmos genéticos e de redes neurais
artificiais para optimizar o processo de fermentação. Esta técnica
baseada no princípio de que, após um modelo satisfatório de rede
neural e espaço de entrada que é gerado ao longo da gama de
parâmetros independentes, pode ser optimizado utilizando
algoritmos genéticos, a vantagem desta técnica é que a rede neural
fornece melhores ajustes aos dados experimentais do que a equação
polinomial quadrática e o modelo optimizado pela abordagem de
algoritmos genéticos que fornecem uma melhor alternativa à

abordagem convencional de MSE para optimizar o processo de fermentação (Nagata e Chu, 2003).

Conclusões

A concepção de um meio de fermentação ou optimização do processo de fermentação pode ser uma tarefa sem fim e todas as técnicas de optimização têm as suas próprias vantagens e desvantagens (Quadro 1). Historicamente, um factor-em-tempo utilizado na maior parte dos casos por técnica factorial completa e metodologia de superfície de resposta, mas o Plackett e o desenho e substituição de componentes de Burman podem ser úteis para a selecção de componentes de meios de fermentação. Recentemente as redes neurais lógicas difusas, algoritmos genéticos e diferentes técnicas híbridas tais como CCD-RSM, Plackett e Burman-RSM, desenho factorial-RSM, desenho factorial de operação evolutivo e algoritmos genéticos - técnicas de redes neurais artificiais utilizadas eficientemente para optimizar o meio de fermentação e os parâmetros do processo de fermentação.

2.3 Estratégias de optimização dos meios de comunicação social frequentemente utilizadas:

Há várias estratégias que são frequentemente utilizadas durante o curso de concepção e optimização de meios. Estas estratégias são orientadas para melhorar a eficiência do meio de produção.

-Métodos clássicos de optimização do meio

a.Factor-único (OFAT)

Nas técnicas clássicas de optimização de meios, experiências de um factor de cada vez (OFAT), apenas um factor ou variável é variado de cada vez, enquanto que outros foram alterados ao longo de um intervalo desejado. Este método, devido à sua facilidade e conveniência, encontrou aplicação durante as fases iniciais da formulação do meio para a produção de novo composto metabólico ou conhecido a partir de nova fonte.

O OFAT está ainda subagrupado:

i. **Experiências de remoção:** Uma situação em que todos os componentes do meio são removidos um a um do meio de produção, e após um período de incubação adequado, os seus efeitos na produção do metabolito secundário ou do produto de interesse são observados em termos de parâmetros adequados. Segundo Singh et al., (2008), a remoção de farinha de soja ou glicerol ou NaCl do meio de fermentação durante a produção de composto antifúngico de *Streptomyces capoamus,* diminuiu o rendimento em 20-40%.

ii. **Experiências de suplementação:** Estas são experiências realizadas para avaliar os efeitos de vários suplementos de carbono e azoto na produção de metabolitos. Por exemplo, 70-90-% de aumento no rendimento do produto antifúngico de *Streptomyces violaceusniger* foi observado através da adição de xilose, sorbitol e hidroxil prolina no meio de produção.

ii. **Experiências de substituição:** Aqui, as fontes de carbono / nitrogénio que mostram efeitos de melhoramento na produção de metabolitos desejados nas experiências de suplementação são geralmente tentadas para serem utilizadas como uma fonte completa de carbono / nitrogénio.

iii. **Parâmetros físicos Normalização:** Para além de variáveis químicas e biológicas, vários investigadores utilizaram experiências OFAT para padronizar os parâmetros físicos tais como pH, temperatura, agitação e requisitos de aeração do processo de fermentação.

Como qualquer outra técnica, o método OFAT de optimização média tem as suas próprias vantagens e desvantagens. A principal vantagem do OFAT é a sua simplicidade através da qual uma série de experiências pode ser realizada e os resultados podem ser analisados utilizando gráficos simples, sem a ajuda de análises estatísticas e elevadas. O maior inconveniente do OFAT é a dificuldade em estimar as "interacções" das experiências, uma vez que é uma sequência de "hit-and-miss scattershot" da experiência. Outra desvantagem das técnicas OFAT é o consumo de tempo e o custo, uma vez que é analisado um grande número de variáveis, uma de cada vez.

REFERÊNCIAS

1. Ahamad, M.Z., B.P. Panda, S. Javed e M. Ali, (2006). Produção de mevastatina por fermentação em estado sólido utilizando farelo de trigo como substrato. *Res. J. Microbiol.*

2. Alexeeva, Y.V., E.P. Ivanova, I.Y. Bakunina, T.N. Zvaygintseva e V.V. Mikhailov, (2002). Optimização da produção de glicosidases
por *Pseudoalteromonas issachenkonii* KMM 3549T. *Lett. Microbiol aplicado.*

3. Anderson, R.K.I. e K. Jayaraman, (2005). Impacto do fluxo equilibrado do substrato no processo metabólico empregando uma lógica difusa durante o cultivo de *Bacillus thuringiensis* var. Galleriae. *Mundo J.Microbiol. Biotecnol. 21:* 127133.

4. Banerjee, R. e B.C. Bhattachaaryya, (1993). Operação evolutiva (EVOP) para optimizar experiências biológicas tridimensionais. *Biotecnol. Bioeng. 41:* 67-71.

5. Chakravarti, R. e V. Sahai, (2002). Optimização da produção de compactação em
meio de produção quimicamente definido por *Penicilium citrinum* utilizando métodos estatísticos. *Processa Biochem.,* **38:** 481-486.

6. Dahiya, N., R. Tewari, R.P. Tiwari e G.S. Hoondal, (2005). Produção de quitinase em fermentação de estado sólido por *Enterobacter* sp. NRG4 usando desenho experimental estatístico.

7. Jatinder, K., B.S. Chadha e H.S. Saini, (2006). Optimização do meio
componentes para a produção de celulases por *Melanocarpus* sp. MTCC 3922 sob fermentação em estado sólido. *Mundo J. Microbiol. Biotechnol,22:* 15-22.

8. Kar, B., R. Banerjee e B.C. Bhattachaaryya, (1999). Produção microbiana de
ácido gálico por fermentação modificada em estado sólido. *J. Ind. Microbiol. Biotecnol.* **23:** 173-177.

9. Kar, B., R. Banerjee e B.C. Bhattachaaryya, (2002). Optimização de

parâmetros físico-químicos para a produção de ácido gálico através de técnicas de concepção evolutiva de funcionamento-factorial. *Processo Biochem..,*

10. Kennedy, M. e D. Krouse, (1999). Estratégias para melhorar o desempenho dos meios de fermentação: Uma revisão. *J. Ind. Microbiol. Biotechnol.* **23:** 456-475.

11. Kumar, D., V.K. Jain, G. Shanker e A. Srivastava, (2003). Produção de ácido cítrico por fermentação em estado sólido utilizando bagaço de cana de açúcar. *Processo Biochem. 38:* 1731-1738.

12. Kumar, S. e T. Satyanarayana, (2004). Optimização estatística da produção de uma glucoamilase termoestável e neutra por um molde termofílico *Thermomucor indicae-seudaticae* em fermentação de estado sólido. *Mundo J. Microbiol. Biotecnol. 20:* 895-902.

13. Mukherjee, G. e R. Banerjee, (2004). Desenho evolutivo operação-factorial

técnica para optimização da conversão de produtos agrícolas mistos em ácido gálico. *AppliedBiochem. Biotecnol.* **118:** 33-46.

14. Nagata, Y. e K.H. Chu, (2003). Optimização de um meio de fermentação utilizando redes neuronais e algoritmos genéticos. *Biotecnol. Lett,.* **25:** 18371842.

15. Nandi, R. e S. Mukherjee, (1988). Optimização média para o fermentativo

produção de glucoamilase por uma estirpe isolada *Penicillum italicum. J.*

Microb. Biotecnol.

16. Naveena, B.J., M. Altaf, K. Bhadriah e G. Reddy, (2005). Selecção de componentes médios por Plackett-Burman design para produção de ácido L(+) láctico por *Lactobacillus amylophilus GN6* em SSF usando farelo de trigo. *Bioresour. Technol.*

17. Panda, B.P.(2001). Optimization of Bioconversion of Myrobalan Tannin to Gallic Acid Under Modified Solid-State Fermentation by *Rhizopus oryzae* NRRL 21498. Dissertação, Birla Institute of Technol., Índia.

18. Park, P.K., D.H. Cho, E.Y. Kim e K.H. Chu, (2005). Optimização da produção de carotenóides pela *Rhodotorula glutinis* utilizando design experimental estatístico. *Mundo J. Microbiol. Biotecnol.* **21:** 429-434.

19. Patidar, P., D. Agrawal, T. Banerjee e S. Patil,(2005). Produção de quitinase por *Beauveriafelina* RD 101: Optimização de parâmetros sob substrato sólido

condições de fermentação. *Mundo J. Microbiol. Biotecnol. ,21:* 93-95.

20. Patnaik, P.R., (2005). Desenhos de redes neurais para optimização da produção de poli-b-hidroxibutirato sob condições industriais simuladas. *Biotecnol. Lett,* **27:** 409-415.

I want morebooks!

Buy your books fast and straightforward online - at one of world's fastest growing online book stores! Environmentally sound due to Print-on-Demand technologies.

Buy your books online at
www.morebooks.shop

Compre os seus livros mais rápido e diretamente na internet, em uma das livrarias on-line com o maior crescimento no mundo! Produção que protege o meio ambiente através das tecnologias de impressão sob demanda.

Compre os seus livros on-line em
www.morebooks.shop

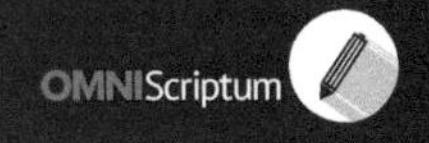

Printed by Books on Demand GmbH, Norderstedt / Germany